人工智能技术专业"十三五"规划教材
产教融合系列教程
应用型人才终身学习计划

人工智能
技术应用初级教程

总主编　张明文

主　编　王璐欢　高文婷

副主编　黄建华　顾三鸿　何定阳

"六六六"教学法

◆ 六个典型项目
◆ 六个鲜明主题
◆ 六个关键步骤

U0345216

www.jijiezhi.com

教学视频+电子课件+技术交流

哈尔滨工业大学出版社
HARBIN INSTITUTE OF TECHNOLOGY PRESS

内 容 简 介

　　本书从人工智能的产业概况切入，配以丰富的图片，系统介绍人工智能的发展概况、技术基础和编程基础等实用内容。基于"六个项目""六个主题""六个步骤"，采用"六六六"教学法，讲解人工智能在语音识别、语音交互、语义理解、知识图谱、机器视觉、深度学习方面的项目应用案例。通过对本书的学习，读者可以在短时间内全面、系统地了解开发人工智能应用的基本方法。

　　本书可作为高职高专软件技术、人工智能、智能制造等相关专业的教材，也可供从事相关行业的技术人员参考使用。

图书在版编目（CIP）数据

人工智能技术应用初级教程 / 王璐欢，高文婷主编
—哈尔滨：哈尔滨工业大学出版社，2020.6
产教融合系列教程 / 张明文总主编
ISBN 978-7-5603-8861-8

Ⅰ．①人…　Ⅱ．①王…　②高…　Ⅲ．①人工智能—教材　Ⅳ．①TP18

中国版本图书馆 CIP 数据核字（2020）第 099250 号

策划编辑　王桂芝　张　荣
责任编辑　佟雨繁
出版发行　哈尔滨工业大学出版社
社　　址　哈尔滨市南岗区复华四道街 10 号　邮编 150006
传　　真　0451-86414749
网　　址　http://hitpress.hit.edu.cn
印　　刷　哈尔滨博奇印刷有限公司
开　　本　787mm×1092mm　1/16　印张 16.75　字数 390 千字
版　　次　2020 年 6 月第 1 版　2020 年 6 月第 1 次印刷
书　　号　ISBN 978-7-5603-8861-8
定　　价　48.00 元

编 审 委 员 会

前　　言

　　人工智能是指利用数字计算机或者数字计算机控制的机器模拟、延伸和扩展人的智能，感知环境、获取知识并使用知识获得最佳结果的理论、方法、技术及应用系统。当前，新一代人工智能相关学科发展、理论建模、技术创新、软硬件升级等整体推进，正在引发链式突破，推动经济社会各领域从数字化、网络化向智能化加速跃升。

　　人工智能是一项引领未来的战略技术，因此世界发达国家纷纷在新一轮国际竞争中争取主导权，围绕人工智能出台规划和政策，对人工智能核心技术、顶尖人才、标准规范等进行部署，加快促进人工智能技术和产业发展。2017 年，我国出台了《新一代人工智能发展规划》（国发〔2017〕35 号）、《促进新一代人工智能产业发展三年行动计划（2018—2020 年）》（工信部科〔2017〕315 号）等政策文件，推动人工智能技术研发和产业化发展。

　　目前，我国人工智能产业迎来爆发性的发展机遇，然而，我国人工智能领域人才供需失衡，缺乏经系统培训的人工智能专业人才。《新一代人工智能发展规划》（国发〔2017〕35 号）已指出：“加快研究人工智能带来的就业结构、就业方式转变以及新型职业和工作岗位的技能需求，建立适应智能经济和智能社会需要的终身学习和就业培训体系，支持高等院校、职业学校和社会化培训机构等开展人工智能技能培训，大幅提升就业人员专业技能，满足我国人工智能发展带来的高技能、高质量就业岗位需要。”针对这一现状，为了更好地推广人工智能技术的应用，亟须编写一本系统、全面的人工智能技术应用教程。

　　本书从人工智能的产业概况切入，配以丰富的图片，系统介绍人工智能的发展概况、技术基础和编程基础等实用内容。本书包含了六个项目应用案例，每个案例包含了六个主题，分别为项目目的、项目分析、项目要点、项目步骤、项目验证、项目总结。在项目步骤这个主题中，包含了六个步骤，分别为应用平台配置、系统环境配置、关联模块设计、主体程序设计、模块程序调试及项目总体运行。本书采用“六六六”教学法，基于“六个项目”“六个主题”“六个步骤”，讲解人工智能在语音识别、语音交互、语义理解、知识图谱、机器视觉、深度学习方面的项目应用案例，有助于激发学生的学习兴趣，提高教学效率，便于初学者在短时间内全面、系统地了解开发人工智能应用的方法。

　　本书图文并茂、通俗易懂、实用性强，既可以作为普通高校及中高职院校人工智能等相关专业的教学和实训教材，以及人工智能培训机构的培训教材，也可以作为人工智能技术入门培训的初级教程，供从事相关行业的技术人员参考。

　　人工智能技术专业具有知识面广、实操性强等显著特点。为了提高教学效果，在教学方法上，建议采用启发式教学、开放性学习，重视实操演练、小组讨论；在学习过程中，建议结合本书配套的教学辅助资源，如：教学课件及视频素材、教学参考与拓展资料等。以上资源可通过书末所附"教学资源获取单"咨询获取。

　　由于编者水平有限，书中难免存在疏漏及不足之处，敬请读者批评指正。任何意见和建议可反馈至 E-mail:edubot_zhang@126.com。

编　者

2020 年 4 月

目　　录

第一部分　基础理论

第1章　人工智能概况··1

1.1　人工智能产业概况··1

1.2　人工智能发展概况··2

　　1.2.1　人工智能简史··2

　　1.2.2　国外发展现状··3

　　1.2.3　国内发展现状··6

　　1.2.4　产业发展趋势··9

1.3　人工智能技术概况··10

　　1.3.1　定义和特点··10

　　1.3.2　体系架构··11

　　1.3.3　主要技术方向··13

1.4　人工智能行业应用··18

　　1.4.1　智能制造··18

　　1.4.2　智能家居··21

　　1.4.3　智能交通··22

　　1.4.4　智能医疗··24

　　1.4.5　智能金融··24

1.5　人工智能技术人才培养··25

　　1.5.1　人才分类··25

　　1.5.2　产业人才现状··26

　　1.5.3　产业人才职业规划··26

　　1.5.4　产业融合学习方法··28

第2章　人工智能技术基础··30

2.1　数据基础··30

2.1.1　大数据的内涵和特征 ………………………………………………31

2.1.2　大数据与人工智能 …………………………………………………33

2.2　算力基础 ……………………………………………………………………37

2.2.1　人工智能芯片 ………………………………………………………37

2.2.2　人工智能云计算平台 ………………………………………………40

2.3　算法基础 ……………………………………………………………………45

2.3.1　机器学习 ……………………………………………………………45

2.3.2　深度学习 ……………………………………………………………49

第3章　人工智能编程基础 ……………………………………………………56

3.1　Python 简介及安装 …………………………………………………………56

3.1.1　Python 介绍 …………………………………………………………56

3.1.2　软件安装 ……………………………………………………………56

3.2　软件界面 ……………………………………………………………………58

3.2.1　主界面 ………………………………………………………………58

3.2.2　菜单栏 ………………………………………………………………58

3.2.3　基本操作 ……………………………………………………………63

3.3　编程语言 ……………………………………………………………………66

3.3.1　基础语法 ……………………………………………………………66

3.3.2　数据类型 ……………………………………………………………70

3.3.3　流程控制 ……………………………………………………………76

3.3.4　函数基础 ……………………………………………………………81

3.3.5　异常处理 ……………………………………………………………84

3.3.6　面向对象 ……………………………………………………………86

3.4　编程调试 ……………………………………………………………………88

3.4.1　项目创建 ……………………………………………………………89

3.4.2　程序编写 ……………………………………………………………90

3.4.3　项目调试 ……………………………………………………………92

第二部分　项目应用

第4章　基于语音识别的智能听写项目 ………………………………………93

4.1　项目目的 ……………………………………………………………………93

4.1.1　项目背景 ……………………………………………………………93

4.1.2 项目需求 ···94

4.1.3 项目目的 ···94

4.2 项目分析 ···95

4.2.1 项目构架 ···95

4.2.2 项目流程 ···95

4.3 项目要点 ···96

4.3.1 语音识别基础 ···96

4.3.2 Websocket 接口 ··97

4.3.3 JSON 字符串基础 ···99

4.3.4 语音识别服务接口 ···102

4.4 项目步骤 ···110

4.4.1 应用平台配置 ···110

4.4.2 系统环境配置 ···113

4.4.3 关联模块设计 ···115

4.4.4 主体程序设计 ···119

4.4.5 模块程序调试 ···123

4.4.6 项目总体运行 ···124

4.5 项目验证 ···125

4.6 项目总结 ···126

4.6.1 项目评价 ···126

4.6.2 项目拓展 ···126

第5章 基于语音交互的同声传译项目 ·······································127

5.1 项目目的 ···127

5.1.1 项目背景 ···127

5.1.2 项目需求 ···128

5.1.3 项目目的 ···128

5.2 项目分析 ···128

5.2.1 项目构架 ···128

5.2.2 项目流程 ···128

5.3 项目要点 ···129

5.3.1 机器翻译基础 ···129

5.3.2 机器翻译服务接口 ···132

5.3.3 语音合成基础 ···138

5.3.4 语音合成服务接口 ···140

　5.4　项目步骤 ··144

　　5.4.1　应用平台配置 ···144

　　5.4.2　系统环境配置 ···147

　　5.4.3　关联模块设计 ···147

　　5.4.4　主体程序设计 ···157

　　5.4.5　模块程序调试 ···158

　　5.4.6　项目总体运行 ···159

　5.5　项目验证 ··160

　5.6　项目总结 ··160

　　5.6.1　项目评价 ···160

　　5.6.2　项目拓展 ···161

第6章　基于语义理解的垃圾分类项目··162

　6.1　项目目的 ··162

　　6.1.1　项目背景 ···162

　　6.1.2　项目需求 ···162

　　6.1.3　项目目的 ···162

　6.2　项目分析 ··163

　　6.2.1　项目构架 ···163

　　6.2.2　项目流程 ···163

　6.3　项目要点 ··164

　　6.3.1　语义理解基础 ···164

　　6.3.2　讯飞 AIUI 平台服务接口 ···164

　　6.3.3　讯飞开放技能 ···168

　6.4　项目步骤 ··170

　　6.4.1　应用平台配置 ···170

　　6.4.2　系统环境配置 ···171

　　6.4.3　关联模块设计 ···175

　　6.4.4　主体程序设计 ···177

　　6.4.5　模块程序调试 ···178

　　6.4.6　项目总体运行 ···179

　6.5　项目验证 ··180

　6.6　项目总结 ··180

　　6.6.1　项目评价 ···180

　　6.6.2　项目拓展 ···181

第7章 基于知识图谱的智能问答项目··········182

7.1 项目目的··········182
7.1.1 项目背景··········182
7.1.2 项目需求··········183
7.1.3 项目目的··········183

7.2 项目分析··········183
7.2.1 项目构架··········183
7.2.2 项目流程··········183

7.3 项目要点··········184
7.3.1 知识图谱··········184
7.3.2 知识库技能··········185

7.4 项目步骤··········186
7.4.1 应用平台配置··········186
7.4.2 系统环境配置··········186
7.4.3 关联模块设计··········189
7.4.4 主体程序设计··········200
7.4.5 模块程序调试··········202
7.4.6 项目总体运行··········204

7.5 项目验证··········204

7.6 项目总结··········205
7.6.1 项目评价··········205
7.6.2 项目拓展··········205

第8章 基于机器视觉的物体识别项目··········206

8.1 项目目的··········206
8.1.1 项目背景··········206
8.1.2 项目需求··········206
8.1.3 项目目的··········207

8.2 项目分析··········207
8.2.1 项目构架··········207
8.2.2 项目流程··········208

8.3 项目要点··········208
8.3.1 物体识别服务接口··········208
8.3.2 openpyxl 模块使用基础··········213
8.3.3 Pillow 模块使用基础··········214

8.4 项目步骤 ·· 217

8.4.1 应用平台配置 ··· 217

8.4.2 系统环境配置 ··· 219

8.4.3 关联模块设计 ··· 220

8.4.4 主体程序设计 ··· 221

8.4.5 模块程序调试 ··· 223

8.4.6 项目总体运行 ··· 224

8.5 项目验证 ·· 224

8.6 项目总结 ·· 225

8.6.1 项目评价 ··· 225

8.6.2 项目拓展 ··· 226

第9章 基于深度学习的人脸识别项目 ·························· 228

9.1 项目目的 ·· 228

9.1.1 项目背景 ··· 228

9.1.2 项目需求 ··· 228

9.1.3 项目目的 ··· 229

9.2 项目分析 ·· 229

9.2.1 项目构架 ··· 229

9.2.2 项目流程 ··· 230

9.3 项目要点 ·· 230

9.3.1 人脸识别基础 ··· 230

9.3.2 OpenCV 人脸检 ······································· 231

9.3.3 人脸特征识别 ··· 234

9.4 项目步骤 ·· 238

9.4.1 应用平台配置 ··· 238

9.4.2 系统环境配置 ··· 239

9.4.3 关联模块设计 ··· 240

9.4.4 主体程序设计 ··· 243

9.4.5 模块程序调试 ··· 246

9.4.6 项目总体运行 ··· 248

9.5 项目验证 ·· 249

9.6 项目总结 ·· 250

9.6.1 项目评价 ··· 250

9.6.2 项目拓展 ··· 251

参考文献 ·· 252

第一部分　基础理论

第1章　人工智能概况

1.1　人工智能产业概况

人工智能的概念诞生于 1956 年，在半个多世纪的发展历程中，由于受到智能算法、计算速度、存储水平等多方面因素的影响，人工智能技术的应用发展经历了多次起伏。2006 年以来，以深度学习为代表的机器学习算法在机器视觉

※ 人工智能产业和发展概况

和语音识别等领域取得了极大的成功，识别准确性大幅提升，使人工智能再次受到学术界和产业界的广泛关注。云计算、大数据等技术在提升运算速度，降低计算成本的同时，也为人工智能的发展提供了丰富的数据资源，协助训练出更加智能化的算法模型。人工智能的发展模式也从过去追求"用计算机模拟人工智能"，逐步转向以机器与人结合而成的增强型混合智能系统，以及用机器、人、网络和物结合成的更加复杂的智能系统。

根据第四届世界智能大会发布的《中国新一代人工智能科技产业发展报告（2020）》报告显示，截止到 2019 年底，我国共有 797 家人工智能企业，占全球总数近 15%。在我国人工智能企业中，基础层和技术层企业占比分别为 3.4% 和 23.8%，应用层企业占比则高达 72.8%，说明人工智能与实体经济在加速融合。从应用层企业的应用领域分布看，人工智能技术已经广泛分布在十八个应用领域。其中，企业技术集成与方案提供、智能机器人两个应用领域的企业数占比最高，分别为 15.43% 和 9.66%。关键技术研发和应用平台、新媒体和数字内容、智能医疗、智能硬件、金融科技、智能商业和零售和智能制造领域企业数占比相对较高，分别为 8.91%、8.91%、7.65%、7.03%、6.65%、6.52%、6.15%。

2

人工智能是一项引领未来的战略技术，因此世界发达国家纷纷在新一轮国际竞争中争取主导权，围绕人工智能出台规划和政策，对人工智能核心技术、顶尖人才、标准规范等进行部署，加快促进人工智能技术和产业发展。2017 年，我国出台了《新一代人工智能发展规划》（国发〔2017〕35 号）、《促进新一代人工智能产业发展三年行动计划（2018—2020 年)》（工信部科〔2017〕315 号）等政策文件，推动人工智能技术研发和产业化发展。目前，国内人工智能发展已具备一定的技术和产业基础，在芯片、数据、平台、应用等领域集聚了一批人工智能企业，在部分方向取得阶段性成果并向市场化发展。例如，人工智能在金融、安防、客服等行业领域已实现应用，在特定任务中，语义识别、语音识别、人脸识别、图像识别技术的精度和效率已远超人工。

1.2　人工智能发展概况

1.2.1　人工智能简史

长期以来，制造具有智能的机器一直是人类的重大梦想。早在 1950 年，艾伦•图灵（Alan Turing）在《计算机器与智能》中就阐述了对人工智能的思考。他提出的图灵测试是机器智能的重要测量手段，后来还衍生出了视觉图灵测试等测量方法。

1956 年，"人工智能"这个词在美国达特茅斯会议上被首次提出，标志着其作为一个研究领域的正式诞生。从 1956 年至今，人工智能的发展主要分为三个阶段：人工智能诞生阶段、人工智能产业化阶段和人工智能爆发阶段，如图 1.1 所示。

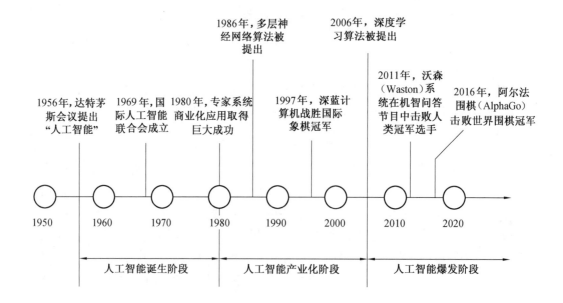

图 1.1　人工智能发展历程简介

1. 人工智能诞生阶段（1956～1979）

1956 年，美国达特茅斯会议聚集了一批研究者，首次提出人工智能的概念和发展目标。

1959 年，亚瑟•塞缪尔（Arthur Samuel）提出了机器学习，机器学习将传统的制造智能演变为通过学习能力来获取智能，推动人工智能进入了第一次繁荣期。

1969 年，国际人工智能联合会成立，并召开了第一届会议。

2. 人工智能产业化阶段（1980～2005）

20 世纪 80 年代初期，专家系统成功实现商业化应用，取得了显著的经济效益，推动了人工智能从理论研究走向实际应用，将人工智能的研究推向了新的发展阶段。

在 20 世纪 80 年代中期，随着美国、日本立项支持人工智能研究，以及以知识工程为主导的机器学习方法的发展，出现了具有更强可视化效果的决策树模型和突破早期感知机局限的多层人工神经网络，然而，当时的计算机难以模拟复杂度高及规模大的神经网络，仍有一定的局限性。

1987 年，由于人工智能的研究进展达不到预期，美国取消了人工智能预算，同时日本第五代计算机项目失败并退出市场。随着专家系统应用的不断深入，专家系统自身存在的知识获取难、知识领域窄、推理能力弱、实用性差等问题逐步暴露，人工智能又进入了萧瑟期。

1997 年，深蓝（Deep Blue）系统战胜国际象棋世界冠军。这是一次具有里程碑意义的成功，它代表了基于规则的人工智能的胜利。

3. 人工智能爆发阶段（2006～）

2006 年，在杰夫里•辛顿（Geoffrey Hinton）和他的学生的推动下，深度学习开始备受关注，为后来人工智能的发展带来了重大影响。此后，人工智能进入爆发式的发展阶段，其最主要的驱动力是大数据时代的到来、运算能力的提升及机器学习算法的改进。随着人工智能的快速发展，产业界也开始不断涌现出新的研发成果：2011 年，沃森（Waston）系统在机智问答节目《危险边缘》中战胜了最高奖金得主和连胜纪录保持者；2014 年，全球第一款个人电脑智能语音助理——小娜诞生；2016 年，阿尔法围棋（AlphaGo）在围棋比赛中击败了世界冠军李世石。

1.2.2　国外发展现状

人工智能是引领未来的战略性技术，世界主要发达国家都把发展人工智能作为提升国家竞争力、维护国家安全的重大战略，加紧出台规划和政策，围绕核心技术、顶尖人才、标准规范等强化部署，力图在新一轮国际科技竞争中掌握主导权。

2013 年以来，全球已有 20 余个国家和地区发布了人工智能相关战略、规划或重大计划，其中部分主要经济体的人工智能战略见表 1.1。

表 1.1　主要经济体的人工智能战略

国家/经济体	战略名称	战略愿景
美国	《国家人工智能研究和发展战略计划》	维持美国在人工智能方面的领导地位，确保人工智能使美国人民受益并反映美国的国家价值观，加强人工智能研究投入
欧盟	《欧盟人工智能战略》	确保欧洲人工智能研发的竞争力，共同面对人工智能在社会、经济、伦理及法律等方面的机遇和挑战，促进欧洲国家团体发展
德国	《联邦政府人工智能战略》	德国应成为人工智能领域的领先国家、人工智能科研场，"德国制造的人工智能产品"应成为世界闻名的品质保证
英国	《产业战略：人工智能领域行动计划》	让英国成为世界上人工智能商业发展和部署最好的地方，让人工智能技术发展、繁荣，应用于社会各领域，造福所有人
日本	《第五期科学技术基本计划》《人工智能技术战略》《综合创新战略》	以人工智能为核心，建设超智能社会 5.0，着力解决本国在养老、教育和商业领域的国家难题

1. 美国

2016 年，美国政府发布《国家人工智能研究和发展战略计划》，针对美国联邦政府及相关机构的人工智能发展与美国人工智能研发提出了相关建议。

2019 年，美国启动人工智能倡议，从国家层面调动更多联邦资金和资源，投入人工智能研究，重点推进研发、资源开放、政策制定、人才培养和国际合作五个领域。

2019 年，美国政府对《国家人工智能研究和发展战略计划》进行了更新，确定了发展人工智能的八大战略目标任务：

（1）长期投资人工智能研究。

（2）开发有效的人机协作方法。

（3）理解并解决人工智能的伦理、法律和社会影响。

（4）确保人工智能系统安全可靠。

（5）开发用于人工智能训练及测试的公共数据集和环境。

（6）制定人工智能技术测量、评估标准和基准。

（7）更好地了解国家人工智能的研发人力需求。

（8）扩大公私合作以加速人工智能发展。

2. 欧盟

为了推进欧洲共同发展人工智能，欧盟积极推动整个欧盟层面的人工智能合作计划。2018 年，欧盟发布《欧盟人工智能战略》，签署合作宣言，发布协同计划，联合布局研发应用，确保以人为本的人工智能发展路径，打造世界级人工智能研究中心，在类脑科学、智能社会、伦理道德等领域开展全球领先研究。

2019 年 1 月，欧盟启动欧洲人工智能（AI FOR EU）项目，建立人工智能需求平台、开放协作平台，整合汇聚 21 个成员国 79 家研发机构、中小企业和大型企业的数据、计算、算法和工具等人工智能资源，提供统一开放服务。

针对欧盟的传统优势行业——汽车制造业，欧盟还将车联网和自动驾驶研究作为下一个研究和创新框架方案中的重点任务，进一步更新无人驾驶汽车的研究和创新路线图，确定包括人工智能在内的一些关键技术和通信、导航等基础设施建设方案，加强投入，以确保自动驾驶全球领先地位。

3. 德国

德国是欧盟中最大的经济体，依托"工业 4.0"及智能制造领域的优势，明确人工智能布局，打造"人工智能德国造"品牌，推动人工智能研发和应用达到全球领先水平。

2013 年，德国政府提出"工业 4.0"战略，其中就已经涵盖了人工智能。

2018 年，德国政府颁布《高科技战略 2025》，该战略提出的 12 项任务之一就是"推进人工智能应用，使德国成为人工智能领域世界领先的研究、开发和应用地点之一"。

2018 年，德国政府发布《联邦政府人工智能战略》文件，提出让"人工智能德国造"成为全球认可的品牌，该文件提出了三大战略目标：

（1）争取使德国和欧洲在人工智能方面占据全球领先地位，保障德国未来竞争力。

（2）以人类共同福祉为导向，负责任地开发利用人工智能。

（3）在积极政策框架下，广泛开展社会对话，推进人工智能伦理、法律、文化和制度方面与社会深度融合。

该文件还提出了包括研究、技术转化、创业、人才、标准、制度框架和国际合作在内的 12 个行动领域，旨在打造"人工智能德国造"品牌。

4. 英国

为了扶持英国人工智能产业的发展，使英国成为全球人工智能创新的中心，近年来，英国政府发布了一系列相关的战略和行动计划。

2017 年，英国政府发布《产业战略：建设适应未来的英国》，确立了人工智能发展的 4 个优先领域：

（1）将英国建设为全球人工智能与数据创新中心。

（2）支持各行业利用人工智能和数据分析技术。

（3）在数据和人工智能的安全等方面保持世界领先。

（4）培养公民人工智能工作技能。

2018 年 4 月，英国政府发布《产业战略：人工智能领域行动计划》，提出打造最佳创业和商用环境，升级基础设施，建设遍布英国的人工智能繁荣社区等五大战略，谋求利用其在计算技术领域的深厚积累和基础领域的创新优势，再次引领全球技术产业发展。

5. 日本

日本以建设超智能社会 5.0 为引领，将 2017 年确定为人工智能元年，发布国家战略，全面阐述了日本人工智能技术和产业化路线图，希望通过人工智能强化其在汽车、机器人等领域全球领先优势，着力解决本国在养老、教育和商业领域的国家难题。

2016 年，日本政府在五年科学技术政策基本方针《第五期科学技术基本计划》中，首次提出了 Society 5.0（超智能社会 5.0）。超智能社会 5.0 将用物联网（Internet of Things，IoT）、机器人、人工智能、大数据等技术，从衣、食、住、行各方面提升生活便捷性。

《人工智能技术战略》制定了 2030 年之前人工智能技术及产业化发展蓝图，提出以"制造业""健康医疗与护理""交通运输"三个重点领域为核心，分三个阶段，推动人工智能技术的产业化实施。

2018 年，日本政府发布《综合创新战略》，强调力争使每个公民都掌握人工智能技术，获得满足需求的商品和服务，实现自由、安全的交通；确保网络安全，加强人工智能技术应用等。

1.2.3　国内发展现状

人工智能经过 60 多年的演进，已经进入新的发展阶段。在移动互联网、大数据、超级计算、传感网、脑科学等新理论、新技术的共同驱动下，人工智能加速发展，正在推动经济社会各领域从数字化、网络化向智能化加速跃升。在这个背景下，2017 年，我国政府提出《新一代人工智能发展规划》，把人工智能发展放在国家战略层面布局，积极参与人工智能发展新阶段国际竞争，打造新优势，开拓新空间，有效保障国家安全。

1. "三步走"战略

《新一代人工智能发展规划》明确提出"三步走"战略目标：

第一步，到 2020 年人工智能总体技术和应用与世界先进水平同步，人工智能产业成为新的重要经济增长点，人工智能技术应用成为改善民生的新途径，有力支撑进入创新型国家行列和实现全面建成小康社会的奋斗目标。

第二步，到 2025 年人工智能基础理论实现重大突破，部分技术与应用达到世界领先水平，人工智能成为带动我国产业升级和经济转型的主要动力，智能社会建设取得积极进展。

第三步，到 2030 年人工智能理论、技术与应用总体达到世界领先水平，成为世界主要人工智能创新中心，智能经济、智能社会取得明显成效，为跻身创新型国家前列和经济强国奠定重要基础。

2. 六大新兴产业

《新一代人工智能发展规划》提出加快人工智能关键技术转化应用，推动重点领域智能产品创新，大力发展人工智能新兴产业，如图 1.2 所示。

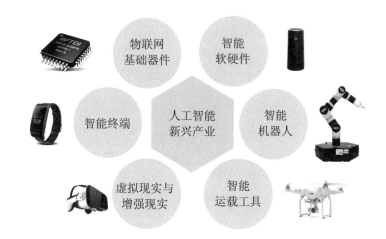

图 1.2　人工智能六大新兴产业

（1）智能软硬件。

智能软硬件产业的发展方向包括开发面向人工智能的操作系统、数据库、中间件、开发工具等基础软件，图形处理器等核心硬件，以及图像识别、语音识别、机器翻译、智能交互、知识处理、控制决策等智能系统解决方案。

（2）智能机器人。

智能机器人产业的发展方向包括研制智能工业机器人与智能服务机器人，实现大规模应用并进入国际市场。研制和推广空间机器人、海洋机器人、极地机器人等特种智能机器人。

（3）智能运载工具。

智能运载工具产业的发展方向包括发展自动驾驶汽车和轨道交通系统，加强车载感知、自动驾驶、车联网、物联网等技术，开发交通智能感知系统，形成我国自主的自动驾驶平台技术体系和产品，发展消费类和商用类无人机、无人船。

（4）虚拟现实与增强现实。

虚拟现实与增强现实产业的发展方向包括研制虚拟显示器件、光学器件、高性能真三维显示器、开发引擎等产品，建立虚拟现实与增强现实的技术、产品、服务标准和评价体系。

（5）智能终端。

智能终端产业的发展方向包括发展新一代智能手机、车载智能终端等移动智能终端产品和设备，鼓励开发智能手表、智能耳机、智能眼镜等可穿戴终端产品。

（6）物联网基础器件。

物联网基础器件产业的发展方向包括发展支撑新一代物联网的高灵敏度、高可靠性智能传感器件和芯片，攻克射频识别、近距离机器通信等物联网核心技术和低功耗处理器等关键器件。

3. 产业智能化升级

《新一代人工智能发展规划》提出要推动人工智能与各行业融合创新，在制造、农业、物流、金融、商务、家居等重点行业和领域开展人工智能应用示范，推动人工智能规模化应用，如图 1.3 所示。

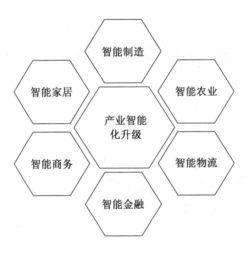

图 1.3　产业智能化升级

（1）智能制造。

制造业的智能化升级是指推进智能制造关键技术装备、核心支撑软件、工业互联网等系统集成应用，研发智能产品及智能互联产品、智能制造工具与系统、智能制造云服务平台，推广流程智能制造、离散智能制造、网络化协同制造、远程诊断与运维服务等新型制造模式。

（2）智能农业。

农业的智能化升级是指研制农业智能传感与控制系统、智能化农业装备、农机田间作业自主系统等。建立典型农业大数据智能决策分析系统，开展智能农场、智能化植物工厂、智能牧场、智能渔场、智能果园、农产品加工智能车间、农产品绿色智能供应链等集成应用。

（3）智能物流。

物流业的智能化升级是指加强智能化装卸搬运、分拣包装、加工配送等智能物流装备研发和推广应用，建设深度感知智能仓储系统，提升仓储运营管理水平和效率。完善智能物流公共信息平台和指挥系统、产品质量认证及追溯系统、智能配货调度体系等。

（4）智能金融。

金融业的智能化升级是指建立金融大数据系统，提升金融多媒体数据处理与理解能力。创新智能金融产品和服务，发展金融新业态。鼓励金融行业应用智能客服、智能监控等技术和装备。建立金融风险智能预警与防控系统。

（5）智能商务。

商务领域的智能化升级是指推广基于人工智能的新型商务服务与决策系统，建设涵盖地理位置、网络媒体和城市基础数据等跨媒体大数据平台，支撑企业开展智能商务。

（6）智能家居。

家居领域的智能化升级是指加强人工智能技术与家居建筑系统的融合，提升建筑设备及家居产品的智能化水平。研发家庭互联互通协议及接口标准，提升家居产品感知和联通能力。

1.2.4　产业发展趋势

人工智能产业的发展趋势表现为平台开源化、应用多元化、认知智能化及人机一体化。

1. 平台开源化

开源的人工智能算法框架对人工智能领域影响巨大，开源的算法框架使得开发者可以直接使用已经研发成功的人工智能开发工具，减少二次开发，提高效率，促进业界紧密合作与交流。国内外产业巨头也纷纷意识到通过开源技术建立产业生态，是抢占产业制高点的重要手段。通过技术平台的开源化，可以扩大技术规模，整合技术和应用，有效布局人工智能全产业链。

2. 应用多元化

目前人工智能的应用领域还多处于专用阶段，如人脸识别、视频监控、语音识别等都主要用于完成具体任务，覆盖范围有限，产业化程度有待提高。随着技术的不断发展，人工智能的应用终将进入面向复杂场景、处理复杂问题的新阶段。例如，辅助驾驶系统将成为汽车的必备软件，家庭服务机器人等新型家电产品也将会出现。

3. 认知智能化

人工智能的主要发展阶段包括：运算智能、感知智能、认知智能。早期阶段的人工智能是运算智能，机器具有快速计算和记忆存储能力。当前大数据时代的人工智能是感知智能，机器具有视觉、听觉、触觉等感知能力。随着类脑科技的发展，人工智能必然向认知智能时代迈进，即让机器能理解、会思考。

4. 人机一体化

人机混合智能将成为人工智能典型的应用模式，优化过程中机器智能比例会持续增大。人工智能和人类智能各有所长，人机混合智能模式取长补短，将在未来有广阔的应用前景。人机协作、人机决策、脑机接口等人机混合智能将成为人工智能在各领域推广应用的主流方向，正如在医疗领域医生与外科手术机器人、新闻领域编辑审核人员与写作机器人的协作一样。并且，随着智能技术的提升和协作机制的不断优化，人工智能将逐步接管更多工作。

1.3 人工智能技术概况

1.3.1 定义和特点

1. 人工智能的定义

人工智能作为一门前沿交叉学科，其定义一直存有不同的观点：《人工智能——一种现代方法》中将已有的一些人工智能定义分为四类：像人一样思考的系统、像人一样行动的系统、理性地思考的系统、理性地行动的系统。

百度百科定义人工智能是"研究、开发用于模拟、延伸和扩展人的智能的理论、方法、技术及应用系统的一门新的技术科学"，将其视为计算机科学的一个分支，指出其研究包括机器人、语音识别、图像识别、自然语言处理和专家系统等。

依据国家标准化管理委员会所制定的《人工智能标准化白皮书》中的定义，人工智能是利用数字计算机或者数字计算机控制的机器模拟、延伸和扩展人的智能，感知环境、获取知识并使用知识获得最佳结果的理论、方法、技术及应用系统。

人工智能的定义对人工智能学科的基本思想和内容做出了解释，即围绕智能活动而构造的人工系统。人工智能是知识的工程，是机器模仿人类利用知识完成一定行为的过程。

2. 人工智能的分类

根据人工智能是否能真正实现推理、思考和解决问题，可以将人工智能分为弱人工智能和强人工智能。

弱人工智能是指不能真正实现推理和解决问题的智能机器，这些机器表面看像是智能的，但是并不真正拥有智能，也不会有自主意识。迄今为止的人工智能系统都还是实现特定功能的专用智能，而不是像人类智能那样能够不断适应复杂的新环境并不断涌现出新的功能，因此都还是弱人工智能。目前的主流研究仍然集中于弱人工智能，并取得了显著进步，如语音识别、图像处理和物体分割、机器翻译等方面取得了重大突破，甚至可以接近或超越人类水平。

强人工智能是指真正能思维的智能机器，并且认为这样的机器是有知觉和自我意识的，这类机器可分为类人（机器的思考和推理类似人的思维）与非类人（机器产生了和人完全不一样的知觉和意识，使用和人完全不一样的推理方式）两大类。从一般意义来说，达到人类水平的、能够自适应地应对外界环境挑战的、具有自我意识的人工智能称为"通用人工智能""强人工智能"或"类人智能"。

强人工智能在技术上的研究也具有极大的挑战性。目前一个主流的看法是：即使有更高性能的计算平台和更大规模的大数据助力，也还只是量变，不是质变，人类对自身智能的认识还处在初级阶段，在人类真正理解智能机理之前，不可能制造出强人工智能。理解大脑产生智能的机理是脑科学的终极性问题，绝大多数脑科学专家都认为这是一个数百年乃至数千年，甚至永远都解决不了的问题。

3. 人工智能的特点

一般认为，人工智能具有以下三个特点：以人为本，智能感知交互，自适应特性。

（1）以人为本。

从根本上说，人工智能系统必须以人为本，这些系统是人类设计出的机器，按照人类设定的程序逻辑或软件算法，通过人类发明的芯片等硬件载体来运行或工作。在理想情况下，人工智能系统必须体现服务人类的特点，而不应该伤害人类，特别是不应该有目的性地做出伤害人类的行为。

（2）智能感知交互。

人工智能系统应能借助传感器等器件产生对外界环境（包括人类）进行感知的能力，可以像人一样通过听觉、视觉、嗅觉、触觉等接收来自环境的各种信息，对外界输入产生文字、语音、表情、动作（控制执行机构）等必要的反应。人与机器间可以产生交互与互动，使机器设备越来越"理解"人类乃至与人类共同协作、优势互补。

（3）自适应特性。

人工智能系统应具有一定的自适应特性和学习能力，即具有一定的随环境、数据或任务变化而自适应调节参数或更新优化模型的能力；并且，能够在此基础上实现自身的演化迭代，能够应对不断变化的现实环境，从而使人工智能系统在各行各业产生丰富的应用。

1.3.2　体系架构

当前人工智能理论和技术日益成熟，应用范围不断扩大，产业正在逐步形成、不断丰富。人工智能的体系架构从下到上依次分为四层，分别是：基础层、算法层、技术层和应用层，如图1.4所示。

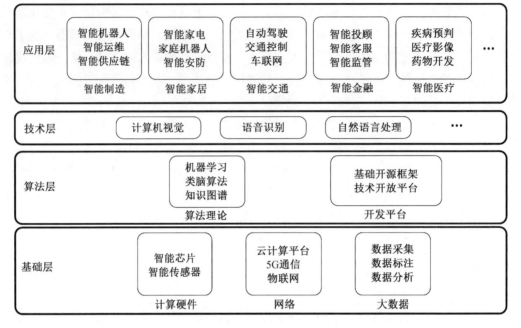

图 1.4　人工智能参考体系架构

1. 基础层

基础层为人工智能系统提供基础硬件和数据的支持，主要包括三个部分：计算硬件、网络和大数据。

（1）计算硬件。

计算硬件主要包括智能芯片（CPU、GPU、ASIC、FPGA 等）、智能传感器、云端训练、云端推理、设备端推理硬件。

（2）网络。

网络主要包括云计算平台、5G 通信与物联网，网络基础设施为人工智能系统提供了与外部世界沟通的支持。

（3）大数据。

大数据为人工智能发展提供了数据基础，人工智能算法需要通过大量的数据进行训练，数据的规模和丰富度对算法的效果尤为重要。比如，高效稳定的人脸识别算法是通过在千万甚至亿级别的人脸数据库上学习训练后得到的。大数据的使用流程一般包括三个步骤：数据采集、数据标注和数据分析。

2. 算法层

人工智能的算法层主要包括算法理论，如机器学习算法、类脑算法、知识图谱等，以及开发平台，包括基础开源框架，如 TensorFlow 开源开发框架，以及各大科技公司提供的人工智能技术开放平台，如讯飞语音开放平台、阿里云城市大脑开放平台、百度自动驾驶开放平台以及腾讯医疗影像开放平台等。

3. 技术层

人工智能的技术层包括人工智能的应用技术，如赋予计算机感知/分析能力的计算机视觉和语音技术，为计算机提供理解/思考能力的自然语言处理技术，以及能够以有效的方式实现人与计算机对话的人机交互技术等。

4. 应用层

应用层是指人工智能技术对各领域渗透形成"人工智能+"的行业应用终端、系统及配套软件。智能产品结合应用场景，可以为用户提供个性化、精准化、智能化服务，深度赋能医疗、交通、金融、零售、教育、家居、农业、制造、网络安全、人力资源、安防等领域。比如，在农业、工业等领域，借助新技术，原本专业化的知识可以为普通人所掌握，指导他们生产实践；对于医疗、航天等专业性极强的领域，人工智能技术起到辅助作用，提高效率和准确性。共享汽车、精准推荐系统、老年人护理等，更是人工智能技术在促进新经济发展方面的案例，人工智能的部分应用领域如图 1.5 所示。

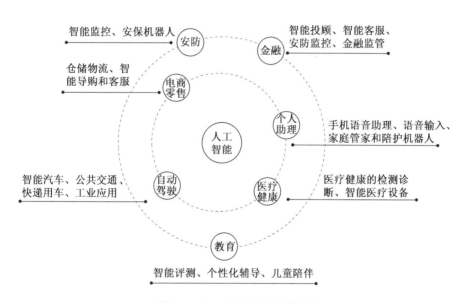

图 1.5　人工智能部分应用领域

1.3.3　主要技术方向

目前，随着深度学习算法工程化所带来的效率提升和成本降低，一些基础应用技术逐渐成熟，如智能语音、计算机视觉和自然语言处理等，并形成相应的产业化能力和各种成熟的商业化落地。本节主要分析目前商业应用较为成熟的智能语音技术、计算机视觉技术和自然语言处理技术。

1. 智能语音技术

（1）智能语音技术概述。

智能语音技术主要研究人机之间语音信息的处理问题。简单来说，就是让计算机、智能设备、家用电器等通过对语音进行分析、理解和合成，实现"能听会说"，具备自然语言交流的能力。

按照机器所发挥作用的不同，智能语音技术可分为语音合成技术、语音识别技术和语音评测技术等。

①语音合成技术。语音合成技术即让机器开口说话，通过机器自动将文字信息转化为语音，相当于机器的嘴巴。

②语音识别技术。语音识别技术即让机器听懂人说话，通过机器自动将语音信号转化为文本及相关信息，相当于机器的耳朵。

③语音评测技术。语音评测技术通过机器自动对发音进行评分、检错并给出矫正指导。

此外，智能语音技术还包括可根据人的声音特征进行身份识别的声纹识别技术，可实现变声和声音模仿的语音转换技术，以及语音消噪和增强技术等。

（2）智能语音技术应用。

智能语音技术将从多个应用形态成为未来人机交互的主要方式，目前，智能语音技术的应用主要包括智能音箱类产品、个人智能语音助手以及智能语音应用程序接口。

①智能音箱类产品。智能音箱类产品以语音交互技术为核心，不仅能够播放音乐，还能提供各种个性化服务，如订票、查询天气等。此外，智能音箱作为智能家庭设备的入口，还具有连接和控制各类智能家居终端产品的功能。

②个人智能语音助手。个人智能语音助手重塑了人机交互模式。个人语音助手可以嵌入手机、智能手表、个人电脑等终端中，显著提升这类产品的易用性。例如，用户可以通过智能家居平台中的语音助手对智能家居进行语音控制，或者通过手机中的语音助手，对感兴趣的内容，例如新闻、体育比赛、交通、天气等，进行实时语音查询。

③智能语音应用程序接口（Application Programming Interface，API）。智能语音 API 主要面向企业和个人开发者，提供语音语义相关的在线服务，可包括语音识别、语音合成、声纹识别、语音听转写等服务类型。开发者通过调用 API，可以将智能语音服务方便地嵌入所开发的各类产品和服务中，例如，智能客服、智能家居设备、智能手机应用（APP）等。

2. 计算机视觉

（1）计算机视觉技术概述。

计算机视觉是使用计算机模仿人类视觉系统的科学，让计算机拥有类似人类提取、处理、理解和分析图像及图像序列的能力。自动驾驶、机器人、智能医疗等领域均需要通过计算机视觉技术从视觉信号中提取并处理信息。

计算机视觉识别检测过程包括图像预处理、图像分割、特征提取和判断匹配。计算机视觉可以用来处理图像分类问题（如识别图片的内容是不是猫）、检测问题（如识别图片中有哪些动物、分别在哪里）、分割问题（如图片中的哪些像素区域是猫）等，如图 1.6 所示。

分类　　　　　　　检测　　　　　　　分割

是不是猫？　　　有哪些动物？在哪里？　　动物在哪些像素区域？

图 1.6　计算机视觉典型任务

①图像分类。图像分类是根据图像信息中所反映的不同特征，把不同类别的目标区分开来的图像处理方法。一般来说，图像分类算法通过手工特征或者特征学习方法对整个图像进行全局描述，然后使用机器学习中的分类模型，判断是否存在某类物体。图像分类问题就是给输入图像分配标签的任务，这是计算机视觉的核心问题之一，近年来多使用深度学习中的卷积神经网络算法来解决。

②目标检测。目标检测用于确定某张给定图像中是否存在给定类别（例如人、车、动物）的目标实例；如果存在，就返回每个目标实例的空间位置和覆盖范围（例如返回一个边界框），如图 1.7 所示。目标检测作为图像理解和计算机视觉的基石，是解决分割、场景理解、目标追踪、图像描述、事件检测和活动识别等更复杂、更高层次的视觉任务的基础。目前，基于深度学习的目标检测算法已成为这个问题领域的主流算法。

（a）监控视频车辆检测　　　　　　　　（b）目标物体检测

图 1.7　目标检测示例

③图像分割。图像分割就是把图像分成若干个特定的、具有独特性质的区域并提出感兴趣目标的技术和过程。如图 1.8 所示，图像分割算法将一个车载摄像头拍摄的图片分割为路面、行人、人行道、树木、交通标志等多个区域，并用不同的颜色进行标注区分。图像分割是由图像处理到图像分析的关键步骤。自 2015 年开始，以全卷积神经网络为代表的一系列基于卷积神经网络的语义分割方法相继提出，不断提高图像分割精度，成为目前主流的图像分割方法。

（a）原始图像　　　　　　　　　　（b）图像分割结果

图 1.8　图像分割示例

（2）计算机视觉技术应用。

随着基于深度学习的计算机视觉应用不断落地成熟，出现了三大热点应用方向，分别为：人脸识别、视频理解和姿态识别。

①人脸识别。人脸识别是指识别技术基于对人的脸部展开智能识别，对人的脸部不同结构特征进行科学合理检验，最终明确判断识别出检验者的实际身份，如图 1.9 所示。目前，人脸识别已大规模应用于教育、交通、医疗、安防等行业领域及楼宇门禁、交通安检、公共区域监控、服务身份认证、个人终端设备解锁等特定场景。从 2017 年春运起，火车站开启了"刷脸"进站，通过摄像头采集旅客的人脸信息，与身份证人脸信息进行验证。

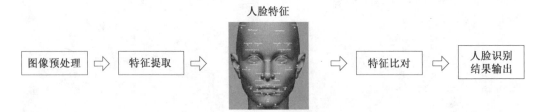

图 1.9　人脸识别流程示例

②视频理解。视频理解的目标是实现以机器自动处理为主的视频信息处理和分析。从应用前景看，视频监控技术所面临的巨大市场潜力为视频理解提供了广阔的应用前景，

很多行业需要实现机器自动处理和分析视频信息，提取实时监控视频或监控录像中的视频信息，并存储于中心数据库中。用户通过视频合成回放，可以快捷地预览视频覆盖时间内的可疑事件和事件发生时间。

③姿态识别。姿态识别让机器学会"察言观色"，带来全新的人机交互体验。在视觉人机交互方面，姿态识别实际上是人类形体语言交流的一种延伸。它的主要方式是通过对成像设备中获取的人体图像进行检测、识别和跟踪，并对人体行为进行理解和描述，如图 1.10 所示。从用户体验的角度来说，融合姿态识别的人机交互产品能够大幅度提升人机交流的自然性，削弱人们对鼠标和键盘的依赖，降低操控的复杂程度。姿态识别在家庭服务机器人、计算机游戏、家用电器控制等方面具有广阔的应用前景。

图 1.10　姿态识别示例

3. 自然语言处理

（1）自然语言处理技术概述。

自然语言处理（Natural Language Processing，NLP）是研究计算机处理人类语言的一门技术，使机器具备理解并解释人类写作与说话方式的能力。

自然语言处理的主要步骤包括分词、词法分析、语法分析、语义分析等。

①分词。分词是指将文章或句子按含义，以词组的形式分开，其中英文因其语言格式天然进行了词汇分隔，而中文等语言则需要对词组进行拆分。

②词法分析。词法分析是指对各类语言的词头、词根、词尾进行拆分，对各类语言中名词、动词、形容词、副词、介词进行分类，并对多种词义进行选择。

③语法分析。语法分析是指通过语法树或其他算法，分析主语、谓语、宾语、定语、状语、补语等句子元素。

④语义分析。语义分析是指通过选择词的正确含义，在正确句法的指导下，将句子的正确含义表达出来。

（2）自然语言处理技术应用。

自然语言处理的应用方向主要有文本分类和聚类、信息检索和过滤、信息抽取、问答系统、机器翻译等方向。

①文本分类和聚类。文本分类和聚类是将文本按照关键字词做出统计，建造一个索引库，这样当有关键字词查询时，可以根据索引库快速地找到需要的内容。此方向是搜索引擎的基础。

②信息检索和过滤。信息检索和过滤是网络瞬时检查的应用范畴，在大流量的信息中寻找关键词，找到后对关键词做相应处理。

③信息抽取。信息抽取是为人们提供更有力的信息获取工具，直接从自然语言文本中抽取事实信息。

④问答系统。问答系统是信息检索系统的一种高级形式，它能用准确、简洁的自然语言回答用户用自然语言提出的问题。其研究兴起的主要原因是人们对快速、准确地获取信息的需求。

⑤机器翻译。机器翻译又称为自动翻译，是利用计算机将一种自然语言（源语言）转换为另一种自然语言（目标语言）的过程。近年来，随着深度学习的进展，机器翻译技术得到了进一步的发展，翻译质量快速提升，应用更加广泛。

1.4 人工智能行业应用

人工智能与行业领域的深度融合将改变甚至重新塑造传统行业，本节重点介绍人工智能在制造、家居、交通、医疗、金融行业的应用。

※ 人工智能行业应用

1.4.1 智能制造

智能制造是基于新一代信息通信技术与先进制造技术深度融合，贯穿于设计、生产、管理、服务等制造活动的各个环节，具有自感知、自学习、自决策、自执行、自适应等功能的新型生产方式。人工智能在智能制造领域的应用主要表现在三个方面，分别是智能装备、智能工厂和智能服务。

1. 智能装备

智能装备包括智能传感器、人机交互系统、智能工业机器人及智能机床等具体设备，涉及跨媒体分析推理、自然语言处理、虚拟现实智能建模及自主无人系统等关键技术。

（1）智能传感器。

智能传感器是智能装备的重要组成部分，是设备感知内部状态和外部环境的感觉器官。与传统硬件不同的是，智能传感器是将传统传感器、微处理器及相关电路一体化，形成的具有初级感知处理能力的相对独立的智能处理单元。

（2）人机交互系统。

人机交互是研究人、机器以及它们间相互影响的技术。传统的人机交互设备主要包括键盘、鼠标、操纵杆等输入设备，以及打印机、绘图仪、显示器、音箱等输出设备。随着传感技术和计算机图形技术的发展，各类新的人机交互技术也在不断涌现，比如语音交互、手势交互、虚拟现实交互等。

（3）智能工业机器人。

工业机器人是在工业生产中使用的机器人的总称，主要用于完成工业生产中的某些作业。工业机器人的种类较多，常用的有：搬运机器人、焊接机器人、喷涂机器人、打磨机器人等。随着互联网技术以及智能感知、模式识别、智能分析、智能控制等智能技术在机器人领域的深入应用，工业机器人在传感、交互、控制、协作、决策等方面的性能和智能化水平也在不断提升。

智能工业机器人具有广泛的应用场景，如图 1.11 所示，特别是在劳动强度大、危险程度高和对生产环境洁净度、生产过程柔性化要求高的工作环境中发挥着重要作用。

（a）智能焊接机器人　　　　　　　（b）智能移动机器人

图 1.11　智能工业机器人示例

（4）智能机床。

智能机床是对制造过程能够做出决策的机床。智能机床了解制造的整个过程，能够监控、诊断和修正在生产过程中出现的各类偏差，并且能为生产的最优化提供方案。此外，还能计算出所使用的切削刀具、主轴、轴承和导轨的剩余寿命，让使用者清楚其剩余使用时间和替换时间。

2. 智能工厂

智能工厂是在数字化工厂的基础上，利用物联网、大数据、人工智能等新一代信息技术加强信息管理和服务，提高生产过程可控性、减少生产线人工干预，以及合理计划排程，同时集智能手段和智能系统等新兴技术于一体，构建高效、节能、绿色、环保、舒适的人性化工厂。

智能工厂建设的基础就是现场数据（人、机、料、法、环）的采集和传输，数据信息使操作人员、管理人员、客户等都能够清晰地了解到工厂的实际状态，并形成决策依据。智能工厂内部各环节如图 1.12 所示。

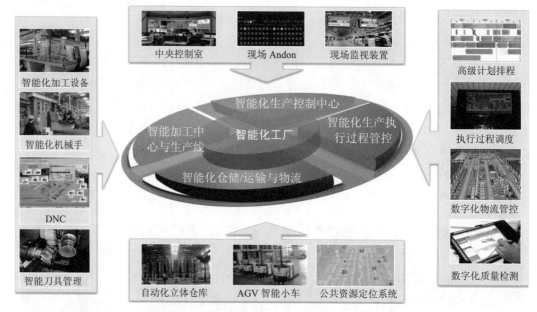

图 1.12　智能工厂内部环节

3. 智能服务

　　智能服务是根据用户的需求进行主动服务，智能服务系统采集用户的原始信息，进行后台积累，构建需求结构模型，进行数据加工挖掘和商业智能分析，主动推送客户需求的精准高效的服务。智能服务包括大规模个性化定制、远程运维及预测性维护等具体服务模式。例如，产品的预测性维护是指通过大数据平台远程采集产品的实时运行数据，并将实时运行数据与其设计数据、制造数据、历史维护数据进行融合，提供运行决策和维护建议，实现设备故障的提前预警、远程维护等设备健康管理应用，如图 1.13 所示。

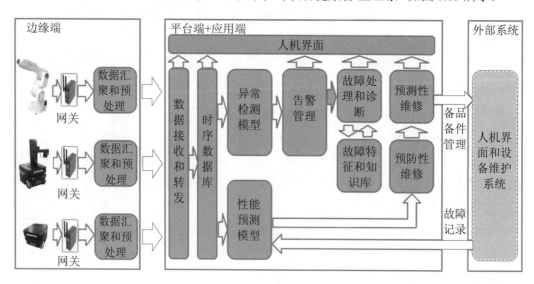

图 1.13　产品的预测与健康管理示例

1.4.2　智能家居

智能家居是以住宅为平台,基于物联网技术,由硬件(智能家电、智能硬件、安防控制设备、家具等)、软件系统、云计算平台构成的家居生态圈。智能家居可实现人远程控制设备、设备间互联互通、设备自我学习等功能,并通过收集、分析用户行为数据为用户提供个性化生活服务,使家居生活安全、节能、便捷等。人工智能在家居领域的应用场景主要包括智能家电终端、智能安防系统、智能家居控制系统。

1. 智能家电终端

智能家电终端是指通过图像识别、自动语音识别等人工智能技术实现冰箱、空调、电视等家用电器产品功能的智能升级,提升家用电器的使用体验。

(1)智能冰箱。

智能冰箱可通过内置摄像头自动捕捉成像,基于图像识别技术自动识别食材,为用户建立食材库,实现食物自动监测,并可跟踪用户习惯,为用户智能推荐食谱,如图1.14(a)所示。

(2)智能空调。

智能空调是具有自动调节功能的空调。智能空调系统能根据外界气候条件,按照预先设定的指标对温度、湿度、空气清洁度传感器所传来的信号进行分析、判断,及时自动打开制冷、加热、去湿及空气净化等功能。通过搭载智能语音控制模块,智能空调可通过自动语音识别技术,实现语音交互、全语义识别操控,如图1.14(b)所示。

(3)智能电视。

借助机器学习技术,智能电视可以从用户看电视的历史数据中分析其兴趣和爱好,并将相关的节目推荐给用户。

(a)智能冰箱　　　　　　　　　　　(b)智能空调

图 1.14　智能家电终端示例

2. 智能安防系统

智能安防系统基于图像识别、生物特征识别、人工智能传感器等技术实现家庭外部环境监测（如楼宇）、家庭门锁控制（如智能门锁、猫眼）、家庭内部环境探测（如空气质量、烟雾探测、人员活动等）等功能。如人脸识别可视门锁，通过摄像头采集含有人脸的图像或视频流，自动在图像中检测和跟踪人脸，基于人的脸部特征信息进行身份识别，实现人脸识别、远程可视、智能门锁的联动防御。当家庭成员回家时，智能门锁会迅速识别出家人，并进行家人回家信息播报，构建温馨的智能家居生活场景；而如果陌生人到访，智能门锁会进行陌生人报警提示，并可识别多种人脸属性，将年龄、性别等信息发送到用户手机，让用户及时应对，构建安全的家庭外部环境。

3. 智能家居控制系统

智能家居控制系统可基于自动语音识别、语义识别、问答系统、智能传感器等人工智能技术，实现家电、窗帘、照明等不同类型设备互联互通，从简单的设备开与关控制，到智能化、便利化、个性化设定。

目前，家居设备进行智能控制主要通过三种方式实现，分别为：手机应用（APP）控制、智能设备控制（如智能音箱）和智能机器人控制，如图 1.15 所示。例如，通过安装了智能家居控制软件的智能手机，用户可实现对家居系统各设备的语音操控，如开、关窗帘（窗户），操控家用电器，开、关电灯，操作扫地机器人打扫卫生等。

（a）手机应用（APP）控制   （b）智能音箱控制

图 1.15　智能家居控制系统示例

1.4.3　智能交通

智能交通系统是通信、信息和控制技术在交通系统中集成应用的产物。智能交通系统借助现代科技手段和设备，将各核心交通元素联通，实现信息互通与共享，以及各交通元素的彼此协调、优化配置和高效使用，形成人、车和交通的高效协同环境，建立安全、高效、便捷和低碳的交通系统。人工智能在交通领域的应用主要包括智能交通管理和智能驾驶。

1. 智能交通管理

智能交通管理是指通过人工智能技术实现对交通的智能化管理，智能交通管理的典型应用包括智能交通信号系统、智能交通规划和智能交通监控系统。

（1）智能交通信号系统。

智能交通信号系统通过交通信息采集系统采集道路中的车辆流量、行车速度等信息，信息分析处理系统处理后形成实时路况，决策系统据此调整道路红绿灯时长，缩短车辆等待时间。

（2）智能交通规划。

智能交通规划是指通过大数据分析公众资源数据，合理建设交通设施。人工智能算法根据城市民众出行偏好、生活、消费等习惯，分析城市人流、车流迁移及城市公众资源情况，基于大数据分析结果，为政府决策城市规划，特别是为公共交通设施基础建设提供指导与借鉴。

（3）智能交通监控系统。

智能交通监控系统通过整合图像处理、模式识别等技术，实现对监控路段的机动车道、非机动车道进行全天候实时监控。前端卡口处理系统对所拍摄图像进行分析获取号牌号码、号牌颜色、车身颜色、车标、车辆品牌等数据，并连同车辆的通过时间、地点、行驶方向等信息通过计算机网络传输到卡口系统控制中心的数据库中进行数据存储、查询、比对等处理，当发现肇事逃逸、违规或可疑车辆时，系统自动向拦截系统及相关人员发出告警信号。

2. 智能驾驶

人工智能技术在车辆驾驶方面的应用包括车辆辅助驾驶和自动驾驶。

（1）车辆辅助驾驶系统。

车辆辅助驾驶系统包括车载传感器、车载计算机和控制执行器等，车辆通过车载传感器测定与周围车辆、道路设施及周边环境距离，在紧急情况下，做出各类安全保障措施。

（2）车辆自动驾驶系统。

车辆自动驾驶系统又称自动驾驶汽车，也称无人驾驶汽车，是一种通过车载电脑系统实现无人驾驶的智能汽车系统。自动驾驶汽车技术的研发已经有数十年的历史，于 21 世纪初呈现出接近实用化的趋势。自动驾驶汽车依靠人工智能、视觉计算、雷达、监控装置和全球定位系统协同合作，让电脑可以在没有任何人类主动操作的情况下，自动、安全地操作机动车辆。

1.4.4　智能医疗

人工智能的快速发展，为医疗健康领域向更高的智能化方向发展提供了非常有利的技术条件。近几年，智能医疗在辅助诊疗、疾病预测、医疗图像辅助诊断、药物开发等方面发挥了重要作用。

1. 辅助诊疗

在辅助诊疗方面，通过人工智能技术可以有效提高医护人员工作效率，提升一线全科医生的诊断治疗水平。如利用智能语音技术可以实现电子病历的智能语音录入；利用智能图像识别技术，可以实现医学图像自动读片；利用智能技术和大数据平台，构建辅助诊疗系统。

2. 疾病预测

在疾病预测方面，人工智能借助大数据技术可以进行疫情监测，及时、有效地预测并防止疫情的进一步扩散和发展。以流感为例，很多国家都有规定，当医生发现新型流感病例时需告知疾病控制与预防中心。但由于人们可能患病不及时就医，同时信息传达回疾控中心也需要时间，因此，通告新流感病例时往往会有一定的延迟，人工智能通过疫情监测能够有效缩短响应时间。

3. 医疗图像辅助诊断

在医疗图像辅助诊断方面，图像判读系统的发展是人工智能技术的产物。早期的图像判读系统主要靠人手工编写判定规则，存在耗时长、临床应用难度大等问题，从而未能得到广泛推广。图像组学是通过医学图像对特征进行提取和分析，为患者预前和预后的诊断和治疗提供评估方法和精准诊疗决策。这在很大程度上简化了人工智能技术的应用流程，节约了人力成本。

4. 药物开发

药物研发具有低效、费时和费钱的特点，一种新药研发需要药物化学、计算机化学、分子模型化和分子图示学等多学科配合，因此在人工智能医疗应用中最具挑战性。目前部分科技公司利用人工智能技术对大量分子数据进行训练来预测候选药物，并分析健康人和患者样品的数据以寻找新的生物标志物和治疗靶标，建立分子模型，预测结合的亲和力并筛选药物性质，有效降低药物开发成本，缩短上市时间并提高新药成功的可能性。

1.4.5　智能金融

人工智能的飞速发展将对身处服务价值链高端的金融业带来深刻影响，人工智能逐步成为决定金融业沟通客户、发现客户金融需求的重要因素。人工智能技术在金融业中可以用于服务客户，支持授信、各类金融交易和金融分析中的决策，并用于风险防控和监督，将大幅改变金融现有格局，金融服务将会更加个性化与智能化。

人工智能在金融领域的应用主要包括身份识别、智能风控、智能投顾和智能客服。

1. 身份识别

身份识别以人工智能为内核,通过人脸识别、声纹识别、指静脉识别等生物识别手段,再加上各类票据、身份证、银行卡等证件票据的 OCR 识别等技术手段,对用户身份进行验证,大幅降低核验成本,有助于提高安全性。

2. 智能风控

随着互联网金融的快速发展,不少金融机构和互联网金融公司大力发展智能信贷服务。智能风控主要通过人工智能等手段对目标用户的网络行为数据、授权数据、交易数据等进行行为建模和画像分析,开展风险评估分析和跟踪,进而对借款人还贷能力进行实时监控,有助于减少坏账损失。

3. 智能投顾

智能投顾主要指根据个人投资者提供的风险偏好、投资收益要求及投资风格等信息,运用智能算法技术、投资组合优化理论模型,为用户提供投资决策信息参考,并随着金融市场动态变化对资产组合及配置提供改进的建议。

4. 智能客服

智能客服是指运用人工智能技术开展自然语言处理、语音识别、声纹识别,为远程客户服务、业务咨询和办理等提供有效的技术支持,这不仅有效响应客户要求,而且大大减轻人工服务的压力,有效降低从事金融服务的各类机构的运营成本。

1.5 人工智能技术人才培养

1.5.1 人才分类

人才是指具有一定的专业知识或专门技能,进行创造性劳动,并对社会做出贡献的人,是人力资源中能力和素质较高的劳动者。

具体到企业中,人才的概念是这样:指具有一定的专业知识或专门技能,能够胜任岗位能力要求,进行创造性劳动并对企业发展做出贡献的人,是人力资源中能力和素质较高的员工。

按照国际上的分法,普遍认为人才分为学术型人才、工程型人才、技术型人才、技能型人才四类,如图 1.16 所示,其中学术型人才单独分为一类,工程型、技术型与技能型人才统称为应用型人才。

图 1.16 人才分类

学术型人才为发现和研究客观规律的人才，基础理论深厚，具有较好的学术修养和较强的研究能力。

工程型人才为将科学原理转变为工程或产品设计、工作规划和运行决策的人才，有较好的理论基础，较强的应用知识解决实际工程的能力。

技术型人才是在生产第一线或工作现场从事为社会谋取直接利益工作的人才，把工程型人才或决策者的设计、规划、决策变换成物质形态或对社会产生具体作用，有一定的理论基础，但更强调在实践中应用。

技能型人才是指各种技艺型、操作型的技术工人，主要从事操作技能方面的工作，强调工作实践的熟练程度。

1.5.2 产业人才现状

当前，全球人工智能发展所面临的一个巨大挑战是人才缺口巨大、人才结构失衡。2017 年教育部、人力资源和社会保障部、工业和信息化部等部门对外公布的《制造业人才发展规划指南》对制造业十大重点领域的人才需求进行了预测，见表 1.2。到 2025 年，新一代信息技术产业、电力装备、高档数控机床和机器人、新材料将成为人才缺口最大的几个专业，其中新一代信息技术产业人才需求总量将达到 2 000 万人，人才缺口将会达到 950 万人。

表 1.2 制造业十大重点领域人才需求预测（单位：万人）

序号	十大重点领域	2015 年	2020 年		2025 年	
		人才总量	人才总量预测	人才缺口预测	人才总量预测	人才缺口预测
1	新一代信息技术产业	1 050	1 800	750	2 000	950
2	高档数控机床和机器人	450	750	300	900	450
3	航空航天装备	49.1	68.9	19.8	96.6	47.5
4	海洋工程装备及高技术船舶	102.2	118.6	16.4	128.8	26.6
5	先进轨道交通装备	32.4	38.4	6	43	10.6
6	节能与新能源汽车	17	85	68	120	103
7	电力装备	822	1 233	411	1 731	909
8	农机装备	28.3	45.2	16.9	72.3	44
9	新材料	600	900	300	1 000	400
10	生物医药及高性能医疗器械	55	80	25	100	45

1.5.3 产业人才职业规划

随着中国人工智能、物联网、大数据和云计算的广泛运用，2019 年 4 月 1 日，人力资源社会保障部、市场监管总局、统计局正式向社会发布了 13 个新职业信息，其中包括人工智能工程技术人员、物联网工程技术人员、大数据工程技术人员和云计算工程技术人员。2020 年 1 月 2 日，中国就业培训技术指导中心再次发布包括智能制造工程技术人员、人工智能训练师、无人机装调师等新职业。

人工智能是一门多学科交叉的综合性学科，人工智能领域对人才岗位的需求主要分为以下五类：人工智能工程技术人员、人工智能训练师、智能制造工程技术人员、大数据工程技术人员，以及云计算工程技术人员。

1. 人工智能工程技术人员

人工智能工程技术人员是指从事与人工智能相关的算法、深度学习等多种技术的分析、研究、开发，并对人工智能系统进行设计、优化、运维、管理和应用的工程技术人员。主要工作任务包括：分析、研究人工智能算法、深度学习等技术并加以应用；研究、开发、应用人工智能指令、算法；规划、设计、开发基于人工智能算法的芯片；研发、应用、优化语言识别、语义识别、图像识别、生物特征识别等人工智能技术；设计、集成、管理、部署人工智能软硬件系统；设计、开发人工智能系统解决方案。

2. 人工智能训练师

人工智能训练师是指使用智能训练软件，在人工智能产品实际使用过程中进行数据库管理、算法参数设置、人机交互设计、性能测试跟踪及其他辅助作业的人员。主要工作任务包括：标注和加工图片、文字、语音等业务的原始数据；分析和提炼专业领域特征，训练和评测人工智能产品相关算法、性能和功能；设计人工智能产品的交互流程和应用解决方案；监控、分析、管理人工智能产品应用数据；调整、优化人工智能产品参数和配置。

3. 智能制造工程技术人员

智能制造工程技术人员是指从事智能制造相关技术的研究、开发，对智能制造装备、生产线进行设计、安装、调试、管控和应用的工程技术人员。主要工作任务包括：分析、研究、开发智能制造相关技术；研究、设计、开发智能制造装备、生产线；研究、开发、应用智能制造虚拟仿真技术；设计、操作、应用智能检测系统；设计、开发、应用智能生产管控系统；安装、调试、部署智能制造装备、生产线；操作、应用工业软件进行数字化设计与制造；操作、编程、应用智能制造装备、生产线进行智能加工；提供智能制造相关技术咨询和技术服务。

4. 大数据工程技术人员

大数据工程技术人员是指从事大数据采集、清洗、分析、治理、挖掘等技术研究，并加以利用、管理、维护和服务的工程技术人员。主要工作任务包括：研究、开发大数据采集、清洗、存储及管理、分析及挖掘、展现及应用等技术；研究、应用大数据平台体系架构、技术和标准；设计、开发、集成、测试大数据软硬件系统；大数据采集、大数据清洗、大数据建模与大数据分析；管理、维护并保障大数据系统稳定运行；监控、管理和保障大数据安全；提供大数据的技术咨询和技术服务。

5. 云计算工程技术人员

云计算工程技术人员是指从事云计算技术研究，云系统构建、部署、运维，云资源管理、应用和服务的工程技术人员。主要工作任务包括：研究与开发虚拟化、云平台、云资源管理和分发等云计算技术，以及大规模数据管理、分布式数据存储等相关技术；研究与应用云计算技术、体系架构、协议和标准；规划、设计、开发、集成、部署云计算系统；管理、维护并保障云计算系统的稳定运行；监控、保障云计算系统安全；提供云计算系统的技术咨询和技术服务。

1.5.4 产业融合学习方法

产业融合学习方法参照国际上一种简单、易用的顶尖学习法——费曼学习法。费曼学习法由诺贝尔物理学奖得主、著名教育家理查德·费曼提出，其核心在于用自己的语言来记录或讲述要学习的概念，包括 4 个核心步骤：选择一个概念→讲授这个概念→查漏补缺→简化语言和尝试类比。

美国缅因州贝瑟尔国家科学实验室对学生在每种指导方法下学习 24 小时后的材料平均保持率进行了统计，图 1.17 所示为不同学习模式的学习效率图。

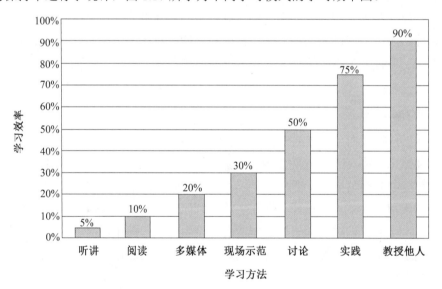

图 1.17 不同学习模式的学习效率图

从学习效率图中可以知晓，对于一种新知识，通过别人的讲解，只能获取 5%的知识；通过自身的阅读可以获取 10%的知识；通过多媒体等渠道的宣传可以掌握 20%的知识；通过现场实际的示范可以掌握 30%的知识；通过相互间的讨论可以掌握 50%的知识；通过实践可以掌握 75%的知识；最后达到能够教授他人的水平，就能够掌握 90%的知识。

通过上述掌握知识的多少，可以通过大致 4 个部分进行知识体系的梳理：

（1）注重理论与实践相结合。对于技术学习来说，实践是掌握技能的最好方式，理论对实践具有重要的指导意义，两者相结合才能既了解系统原理，又掌握技术应用。

（2）通过项目案例掌握应用。在技术领域中，相关原理往往非常复杂，难以在短时间内掌握，但是作为工程化的应用实践，其项目案例更为清晰明了，可以更快地掌握应用方法。

（3）进行系统化的归纳总结。任何技术的发展都是有相关技术体系的，通过个别案例很难全部了解，需要在实践中不断归纳总结，形成系统化的知识体系，才能掌握相关应用，学会举一反三。

（4）通过互相交流加深理解。个人对知识内容的理解可能存在片面性，通过多人的相互交流，合作探讨，可以碰撞出不一样的思路技巧，实现对技术的全面掌握。

第 2 章　人工智能技术基础

　　数据、算力、算法是人工智能发展的三大基础，如图 2.1 所示。其中，数据是人工智能发展的基石，有大量的数据资源，人工智能才有施展的空间；算力是人工智能发展的基础，任何软件、算法的背后都离不开硬件平台的支持，没有足够的硬件算力支撑，再强大的人工智能技术都无法落实到实际的应用场景中；算法是人工智能发展的引擎，尤其是深度学习算法直接推动了人工智能发展的新浪潮。

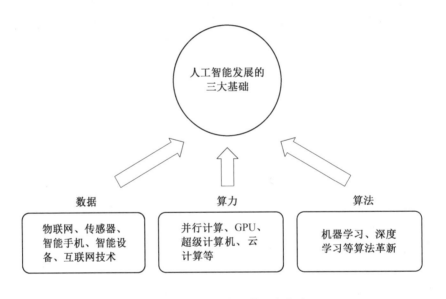

图 2.1　人工智能发展的三大基础

2.1　数据基础

　　从软件时代到互联网时代，再到如今的大数据时代，数据的量和复杂性都经历了从量到质的改变。数据是人工智能发展的基石，人工智能的核心在于数据支持。从发展

❋　数据及算力基础

现状来看，人工智能技术取得突飞猛进得益于良好的大数据基础，海量数据为训练人工智能算法提供了原材料。有了大数据的支持，人工智能算法的输出结果会随着数据处理量的增大而更加准确。

2.1.1 大数据的内涵和特征

1. 大数据的概念

大数据是指那些超过传统数据库系统处理能力的数据。它的数据规模和传输速度要求很高，或者其结构不适合原本的数据库系统。为了获取大数据中的价值，我们必须选择新的方式来处理它。

大数据并非单纯指人们在互联网上发布的信息，全世界的工业设备、汽车、电表上有着无数的数字传感器，随时测量和传递着有关位置、运动、振动、温度、湿度乃至空气中化学物质的变化，这些海量的数据信息都可以称为大数据。

对于企业组织来讲，大数据的价值体现在两个方面：分析使用和二次开发。对大数据进行分析能揭示隐藏于其中的信息。例如零售业中对门店销售、地理和社会信息的分析能提升对客户的理解。大数据技术是数据分析的前沿技术，简单来说，从各种各样类型的数据中，快速获得有价值信息的能力，就是大数据技术。

2. 大数据的特点

大数据具有 5 个主要的特点，分别为：数据量大、数据类别大、数据处理速度快、价值密度低及数据真实性高，如图 2.2 所示。

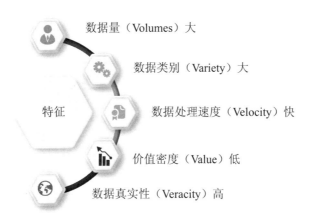

数据量（Volumes）大

数据类别（Variety）大

数据处理速度（Velocity）快

特征

价值密度（Value）低

数据真实性（Veracity）高

图 2.2 大数据的特征

（1）数据量（Volumes）大。

大数据的首要特点就是数据量大，大数据的计量单位已从 TB 级别上升到 PB、EB、ZB、YB 及以上级别。

（2）数据类别（Variety）大。

大数据来自多种数据源，数据种类和格式日渐丰富，既包含生产日志、图像、语音，又包含动画、视频、位置等信息，已冲破了以前所限定的结构化数据范畴，囊括了半结构化和非结构化数据。

（3）数据处理速度（Velocity）快。

大数据具有处理速度快的特点，在数据量非常庞大的情况下，也能够做到数据实时处理。

（4）价值密度（Value）低。

随着物联网的广泛应用，信息感知无处不在，信息海量，但存在大量不相关信息，因此需要对未来趋势与模式做可预测分析，利用人工智能技术进行深度复杂分析。

（5）数据真实性（Veracity）高。

随着社交数据、企业内容、交易与应用数据等新数据源的兴起，传统数据源的局限被打破，企业愈发需要有效的信息之力，以确保大数据的真实性及安全性。

3. 大数据的处理

从大数据的整个生命周期来看，大数据从数据源经过分析挖掘到最终获得价值需要经过 4 个环节，包括大数据集成与清洗、存储与管理、分析与挖掘及可视化，如图 2.3 所示。

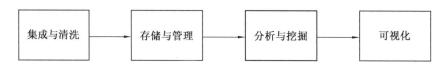

图 2.3　大数据处理流程

（1）大数据集成与清洗。

大数据集成是把不同来源、格式、特点性质的数据有机集中。大数据清洗是将在平台集中的数据进行重新审查和校验，发现和纠正可识别的错误，处理无效值和缺失值，从而得到干净、一致的数据。

（2）大数据存储与管理。

采用分布式存储、云存储等技术将数据进行经济、安全、可靠的存储管理，并采用高吞吐量数据库技术和非结构化访问技术支持云系统中数据的高效快速访问。

（3）大数据分析挖掘。

大数据分析挖掘是从海量、不完全、有噪声、模糊及随机的大型数据库中发现隐含在其中有价值的、潜在有用的信息和知识。广义的数据挖掘是指知识发现的全过程；狭义的数据挖掘是指统计分析、机器学习等发现数据模式的智能方法，即偏重于模型和算法。

（4）大数据可视化。

利用包括二维综合报表、VR/AR 等计算机图形图像处理技术和可视化展示技术，将数据转换成图形、图像并显示在屏幕上，使数据变得直观且易于理解，如图 2.4 所示。

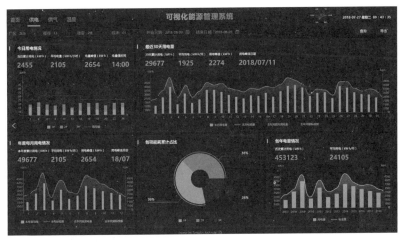

图 2.4　大数据可视化示例

2.1.2　大数据与人工智能

1. 人工智能数据集

基于深度学习等算法的人工智能技术，核心在于通过计算找寻数据中的规律，运用该规律对具体任务进行预测和决断。原始数据需要经过采集、标注等处理后才能够使用，标注后的数据形成相应的数据集。

当前，人工智能数据集中的基础数据类型主要包括自然语言类（包括文字、语言学规则等）、语音类（包括语音、方言等）、图像视频类（包括自然物体、自然环境、人造物体、生物特征等），以及数字类（车辆评估数据、房产信息等）四个大类。目前全球部分人工智能公开数据集见表 2.1。

表 2.1　全球部分人工智能公开数据集

类型	数据集名称	说　　明
自然语言	WikiText	维基百科语料库
	SQUAD	问答数据集自然语言处理库
	Common Crawl	PB 级别的网络爬虫数据
	Billion Words	常用的语言建模数据库
语音	VoxForge	带口音的语料库
	TIMIT	声学-音素连续语音语料库
	CHIME	包含环境噪音的语音识别数据集
图像视频	SVHN	车载摄像头捕捉的图像数据集
	ImageNet	用于视觉对象识别软件研究的大型可视化数据库
	Labeled Faces in the Wild	面部区域图像数据集，用于人脸识别训练
数字	DataWorks	股票价格数据库，房产信息库，影视及其票房数据库
	UCI	用于机器学习的数据库，共有超过 400 个数据集

目前，人工智能数据集的参与主体主要有四类，分别为学术机构、政府、人工智能行业企业以及数据处理外包服务公司。

（1）学术机构。

由学术机构承担建设的公共数据集不断丰富，推动了初创企业成长。公共数据集一般用作算法测试及能力竞赛，质量较高，为创新创业和行业竞赛提供优质数据，给初创企业带来必不可少的资源。

（2）政府。

政府以公益形式开放的公共数据，主要包括政府、银行机构等行业数据及经济运行数据等。数据的标注一般由使用数据的机构完成，如行业企业或数据处理外包服务公司。

（3）行业企业。

行业企业为开展业务自行建设行业数据集，行业数据集与产业结合紧密，是企业的核心竞争力。行业数据集的数据来源一般由企业自行采集，数据的标注可以自行完成或采购专业数据公司提供的数据外包服务。

（4）数据处理外包服务公司。

数据处理外包服务公司的业务包括出售现成数据训练集的使用授权，或根据用户的具体需求提供数据处理服务（用户提供原始数据，企业对数据进行转写、标注）。目前数据服务产业快速发展，具体业务服务形式主要包括数据集建设、数据清洗、数据标注等。

2. 大数据与人工智能

在本轮人工智能的发展浪潮中，数据的爆发增长功不可没。海量的训练数据是人工智能发展的基石，数据的规模和丰富度对算法训练尤为重要。2000 年以来，得益于互联网、社交媒体、移动设备和传感器的普及，全球产生及存储的数据量剧增。根据国际数据中心（International Digital Center，IDC）的报告显示，2025 年全球数据总量预计将超过 160 ZB（相当于 16 万亿 GB），如图 2.5 所示。有了规模更大、类型更丰富的数据，人工智能算法模型的效果也能得到提升。我们将以图像大数据、视频大数据和语音大数据为例，分析人工智能大数据的应用。

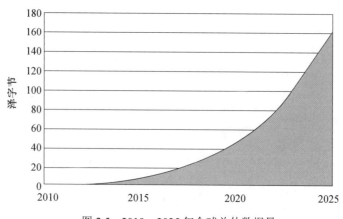

图 2.5　2010～2025 年全球总体数据量

（1）图像大数据。

随着医学成像技术的不断进步，近几十年中 X 光、超声波、计算机断层扫描（CT）、核磁共振（MR）、数字病理成像、消化道内窥镜、眼底照相等新兴医学成像技术发展突飞猛进，在医学领域中，图像数据的规模爆炸性增加。

在传统临床领域，医学图像的判读主要是由医学图像专家、临床医生实现，日益增长的图像数据给医生阅片带来极大的挑战和压力。随着人工智能技术的不断突破，计算机辅助医学图像的判断成为可能，并且在临床辅助诊断中所占比重逐年增大。相比于人工判读图像，人工智能辅助诊断可以有效提高阅片效率，避免人工误判，降低医生工作量和压力。

基于人工智能的医学图像智能筛查系统参考框架如图 2.6 所示。医学图像大数据库中的图像被用于训练人工智能算法模型，模型存储在云端的医学图像智能筛查系统中。医生可以将医院内采集到的医学图像上传到智能筛查系统中，系统将结果实时返回给医生，辅助医生进行诊断。

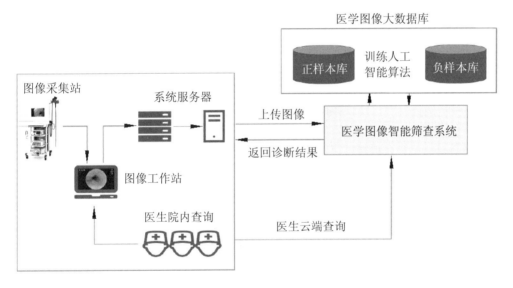

图 2.6　医学图像智能筛查系统

相对于医生独立通过人工诊断，利用基于人工智能的医学图像智能筛查系统进行辅助医学图像诊断具有显著的优势：

①提高效率。人工智能诊断可以大幅度、大规模提高人工阅片的速度，降低医生的工作量，提高效率。

②增强保障。人工智能诊断能比人工阅片更快、更精准地发现病灶，防止医生漏诊和误诊，给医生诊断加上了一层安全保障，是未来的发展趋势。

③辅助筛查。人工智能诊断可以辅助重大疾病早期筛查，降低人工筛查的人力成本和工作量，大大提高重大疾病早期筛查的普及率和准确率。

（2）视频大数据。

近年来，互联网视频产业发展迅猛，成为用户规模最大的网络服务。据中国互联网信息中心 CNNIC 第 40 次中国互联网统计报告，中国网络视频用户达到 5.65 亿，占网民总数的 75%。随着用户数目逐年增长，视频内容数量呈指数级增长。

网络视频分享平台每天处理上万小时的新增视频，产生千亿条的用户日志。海量信息内容孕育着更多的价值，也为网络视频行业的发展提出新的挑战。首先，面对海量的内容，视频平台急需优化生产和审核流程，提高内容生产的效率，为用户提供更加便捷、流畅的内容服务。其次，用户面对过载的信息海洋，选择成本太高，平台需要挑选和推荐用户最感兴趣的优质内容。

针对视频大数据分享的需求，可利用语音识别、图像识别、视频分析等人工智能技术构建人工智能视频大数据服务平台。人工智能视频大数据服务平台参考架构包括基础层、感知层、认知层和应用层，如图 2.7 所示。

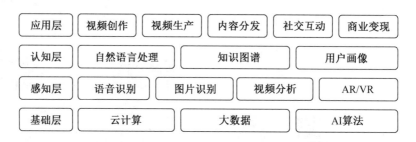

图 2.7　人工智能视频大数据服务平台参考架构

①基础层。提供人工智能服务所需的算力、数据和基本算法。

②感知层。模拟人的听觉、视觉，实现语音识别、图片识别、视频分析、虚拟现实（Augmented Reality）/增强现实（Virtual Reality）等功能。

③认知层。模拟大脑的语义理解功能，实现自然语言处理、知识图谱的记忆推理和用户画像分析等功能。

④应用层。包括视频创作、视频生产、内容分发、社交互动、商业变现等应用。

人工智能视频大数据服务平台依托语音、视频智能识别技术，可实现基于内容的视频拆分、视频标注和视频审核；通过研究视频大数据内容分析和用户的兴趣偏好，可进行个性化推荐；通过社交网络宣发和热点发掘，可给用户提供高质量的个性化内容，更好地服务用户。

（3）语音大数据。

随着国际交流的日益增多，英语交际能力越来越重要。为了促进英语教学的发展，提高学生的英语听说能力，全国绝大多数省份都已开展了高考英语听力考试和口语加试。然而传统的口语考试评分需要依赖大量英语老师进行人工评分，存在评分效率低、人工阅卷主观性强、评分标准不统一的问题。

随着互联网、社交媒体和移动设备的普及，网络上产生了海量的英文语音数据。通过搜集海量的英文语音数据并对数据进行评分标注，可构建英文语音的大数据库。利用自然语言理解、机器学习等人工智能技术对数据集中地进行学习，就能够开发出具备自动评分功能的智能语音评分系统。

相对传统的人工评分系统，智能语音评分系统具有显著优势：

①智能语音评分系统可以彻底解决人工阅卷主观性强、评分标准不统一的问题，使英语口语考试更加公平、公正。

②智能语音评分系统可大幅提高大规模口语考试的阅卷速度，降低口语考试阅卷的成本及实施难度，促进口语考试的发展。

③智能语音评分系统能够从发音标准度评估、发音缺陷检测、口语应用能力评估等多个维度进行详细测评，能够客观全面地反映学生的口语能力。

2.2　算力基础

人工智能算法的实现需要强大的计算能力（简称算力）支撑，特别是深度学习算法的大规模使用，对算力提出了更高的要求。2015 年，起人工智能迎来了真正的大爆发，这在很大程度上与图形处理芯片（Graphics Processing Unit，GPU）的广泛应用有关。在此之前，硬件算力不能满足人工智能计算能力的需求，当 GPU 与人工智能结合后，人工智能才迎来了真正的高速发展，因此硬件算力的提升是人工智能快速发展的重要因素之一。人工智能的硬件算力主要来自于两个方面，分别为人工智能芯片和云计算平台。

2.2.1　人工智能芯片

1. 芯片基础

通常所说的"芯片"是指集成电路，它是微电子技术的主要产品。所谓微电子是相对"强电""弱电"等概念而言，指它处理的电子信号极其微小。它是现代信息技术的基础，我们通常所接触的电子产品，包括通信、电脑、智能化系统、自动控制、空间技术、电台和电视等都是在微电子技术的基础上发展起来的。

集成电路所具有的高速、高可靠、高集成度、低功耗、低成本等优点，使其在产生以后得到了迅猛的发展，品种层出不穷。集成电路有多种分类方式。

（1）按集成度高低分类。

通常，集成电路的规模由集成电路所含的逻辑门数目或晶体管数目来衡量。以门数目进行衡量时，把设计等效为 2 输入与非门（NAND）的数目，即逻辑门的数目。如 10 万门的集成电路等效于包含 10 万个 2 输入与非门。半导体集成电路按集成度（单块芯片上所容纳的元件数目）高低可以分为小规模集成电路（Small Scale Integrated Circuits，SSI）、中规模集成电路（Medium Scale Integrated Circuits，MSI）、大规模集成电路（Large Scale Integrated Circuits，LSI）、超大规模集成电路（Very Large Scale Integrated Circuits，

VLSI）和特大规模集成电路（Ultra Large Scale Integrated Circuits，ULSI）。

表 2.2 给出了集成电路的发展历程，包括集成电路不同规模的名称及初次实现产品的年份。集成电路发展到现在，单个电路芯片集成的元件数已经高达几亿个甚至几十、几百亿以上。实际上，各种规模之间并没有严格的界限，而且由于不同工艺和不同电路类型的复杂度区别，有关规模的定义也不完全一致。

表 2.2　集成电路的发展历程

简称	名称	年份	晶体管的数量	逻辑门的数量
SSI	小规模集成	1964	1～9	1～12
MSI	中规模集成	1968	10～499	13～99
LSI	大规模集成	1971	500～19 999	100～9 999
VLSI	超大规模集成	1980	20 000～999 999	10 000～99 999
ULSI	极大规模集成	1984	1 000 000 以上	100 000 以上

（2）按生产形式分类。

①标准通用集成电路。

标准通用集成电路是指面向多用途的集成电路，它们在各种电子系统中具有普遍应用性，又称为标准产品，如通用逻辑电路、通用寄存器、通用微处理器、通用放大器，及可编程集成电路等。这类产品往往集成度不高，但社会需求量大，通用性强。这类芯片生产批量大，对设计成本、设计周期要求低，通常采用全定制方式实现。

②专用集成电路。

专用集成电路是针对某一用户特定要求、面向专门用途设计的集成电路，通常只用于某一类专用电子系统。专用集成电路多采用门阵列法、单元法和可编程逻辑器件法等研制。其特点是集成度较高，功能较多，功耗较少，封装形式多样化。

2. 人工智能芯片

（1）人工智能芯片的概念。

目前，关于人工智能芯片的定义并没有一个严格和公认的标准。比较宽泛的看法是，面向人工智能应用的芯片都可以称为人工智能芯片。

总体来看，人工智能应用对计算芯片的需求主要有以下两个方面：

①计算芯片和存储芯片之间海量数据通信的需求，这里有两个层面，一个是缓存和片上存储空间要大，另一个是计算单元和存储空间之间的数据交互带宽要大。

②专用计算能力的提升，解决对卷积、残差神经网络和全连接等计算类型的大量计算需求，在提升运算速度的同时实现降低功耗。

（2）人工智能芯片的分类。

按技术架构来看，人工智能芯片可以分为通用类芯片（CPU、GPU）、基于 FPGA 的半定制化芯片、全定制化 ASIC 芯片和类脑芯片，见表 2.3。

表 2.3　人工智能芯片分类

类别	通用芯片		半定制化芯片	全定制化芯片	类脑芯片
	CPU	GPU	FPGA	ASIC	BLC
通用性	很高	高	中	低	低
功耗	中	高	低	很低	很低
性能功耗比	低	中	中	高	高
特点	擅长处理/控制复杂流程	擅长简单并行计算	可重复编程	高性能、任务不可更改	高性能、极低功耗

①CPU（Central Processing Unit，中央处理器）是计算机系统的运算和控制核心，是信息处理、程序运行的最终执行单元。早期的人工智能算法主要是通过 CPU 来实现的，但由于 CPU 其本身是通用计算器，芯片中的大部分资源要服务于通用场景的元器件，可用于浮点计算的资源偏少，所以并行计算效率较低。目前人工智能计算芯片的架构逐渐从传统的 CPU 为主、GPU 为辅的结构转变为 GPU 为主 CPU 为辅的结构。

②GPU 最初被设计用于图形加速功能，但其在浮点运算、并行计算等方面的能力使其成为人工智能算法实现的重要选择。GPU 的缓存结构为共享缓存，相比于 CPU，GPU 线程之间的数据通信不需要访问全局内存，而在共享内存中就可以直接访问，高带宽的共享缓存能有效提升大量数据通信的效率。此外，GPU 具有数以千计的计算核心，可实现 10～100 倍于 CPU 的应用吞吐量。

③FPGA（Field Programmable Gate Array，可编程门阵列）在制造后可根据应用或功能要求重新编程，是一种可重建数字电路的电子元件。FPGA 没有预先定义的指令集概念，也没有确定的数据位宽，所以可以实现应用场景的高度定制。FPGA 很好地兼顾了处理速度和控制能力。

④ASIC（Application Specific Integrated Circuit，专用集成电路）是不可配置的高度定制专用计算芯片。ASIC 不同于 GPU 和 FPGA 的灵活性，定制化的 ASIC 一旦制造完成将不能更改，所以初期成本高、开发周期长，使得进入门槛高。但 ASIC 作为专用计算芯片性能高于 FPGA，相同工艺的 ASIC 计算芯片比 FPGA 计算芯片快 5～10 倍。

⑤BLC（Brain-Like Chip，类脑芯片）模拟人脑进行设计，相比于传统芯片，在功耗和学习能力上具有更大优势。类脑芯片的设计就是基于微电子技术和新型神经形态器件的结合，希望突破传统计算架构，实现存储与计算的深度融合，大幅提升计算性能，提高集成度和降低能耗。

2.2.2 人工智能云计算平台

1. 云计算技术简介

（1）云计算技术的定义。

云计算（Cloud Computing）的出现并不是偶然的，早在20世纪60年代，就有人提出了把计算能力作为一种像水、电和天然气一样的公用事业提供给用户的理念，这是云计算的最早思想起源。

云计算是一种无处不在、便捷且按需对一个共享的可配置计算资源（包括网络、服务器、存储、应用和服务）进行网络访问的模式，它能够通过最少量的管理以及与服务提供商的互动实现计算资源的迅速供给和释放。

云计算由分布式计算、并行处理、网格计算发展而来，是一种新兴的商业计算模型。它将计算任务分布在大量计算机构成的资源池上，使各种应用系统能够按需获取计算力、存储空间和信息服务。

云计算概念模型如图2.8所示。

图2.8　云计算概念模型

（2）云计算技术的特点。

云计算将互联网上的应用服务以及在数据中心提供这些服务的软硬件设施进行统一管理和协同合作。云计算将IT相关的能力以服务的方式提供给用户，允许用户在不了解提供服务的技术、没有相关知识及设备操作能力的情况下，通过互联网获取需要的服务，其特点如下。

①自助式服务。消费者无需同服务提供商交互就可以得到自助的计算资源能力，如服务器的时间、网络存储等（资源的自助服务），如图2.9所示。

图 2.9　自助式服务

②无所不在的网络访问。消费者可借助于不同的客户端来通过标准的应用访问网络，如图 2.10 所示。

图 2.10　随时随地使用云服务

③划分独立资源池。根据消费者的需求来动态地划分或释放不同的物理和虚拟资源，这些池化的供应商计算资源以多租户的模式来提供服务。用户经常并不控制或了解这些资源池的准确划分，但可以知道这些资源池在哪个行政区域或数据中心，包括存储、计算处理、内存、网络宽带及虚拟机个数等。

④快速弹性。云计算系统能够快速和弹性地提供资源并且快速和弹性地释放资源。对消费者来讲，所提供的这种能力是无限的（就像电力供应一样，对用户来说，是随需的、大规模计算机资源的供应），并且可在任何时间以任何量化方式购买的。

⑤服务可计量。云系统对服务类型通过计量的方法来自动控制和优化资源使用（如存储、处理、宽带及活动用户数）。资源的使用可被监测、控制及可对供应商和用户提供透明的报告（即付即用的模式）。

（3）云服务模式。

云服务是一种商业模式，它提供了丰富的个性化产品，以满足市场上不同用户的个性化需求。云服务提供商为大、中、小型企业搭建信息化所需的网络基础设施、硬件运作平台和软件平台。对企业而言，不需要硬件、软件和维护，只需要选择所需的服务即可。

云服务按应用方式可以分为基础设施即服务（Infrastructure as a Service，IaaS）、平台即服务（Platform as a Service，PaaS）和软件即服务（Software as a Service，SaaS），如图

2.11 所示。云计算服务提供商可以专注于自己所在的层次，无须拥有三个层次的服务能力，上层服务提供商可以利用下层的云计算服务来实现自己计划提供的云计算服务。

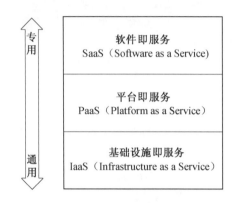

专用

通用

图 2.11　云服务模式

①IaaS（Infrastructure as a Service），意思是基础设施即服务。IaaS 指将 IT 基础设施能力（如计算、存储、网络能力等）通过互联网提供给用户使用，并根据用户对资源的实际使用量或占有量进行计费的一种服务。首先，提供给用户一个 IP 地址和一个访问服务器的密钥，让用户通过互联网直接控制或使用这台服务器。用户可以按照自己的需求来配置虚拟机，并且可以在以后动态管理虚拟机的设置，IaaS 服务模式如图 2.12 所示。

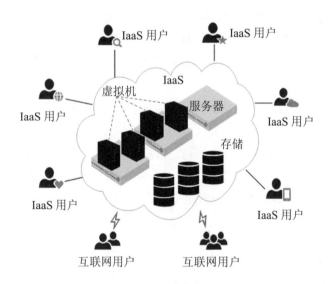

图 2.12　IaaS 服务示例图

②PaaS（Platform as a Service），意思是平台即服务，是把服务器平台作为一种服务提供的商业模式，如图 2.13 所示。从传统角度来看，Paas 实际上就是云环境下的应用基础设施，也可理解成中间件即服务。Paas 为部署和运行应用系统提供所需的应用基础设

施，所以应用开发人员无须关心应用的底层硬件和应用基础设施，并且可以根据应用需求动态扩展应用系统所需的资源。

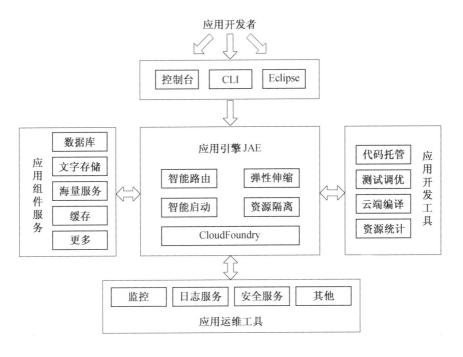

图 2.13 PaaS 服务示例图

③SaaS（Software as a service），意思是软件即服务，是基于互联网提供软件服务的运营模式。SaaS 提供商为企业搭建信息化所需要的所有网络基础设施及软件、硬件运作平台，并负责所有前期的实施、后期的维护等一系列服务，企业无须购买软硬件、建设机房、招聘 IT 人员，即可通过互联网使用信息系统。SaaS 是一种软件布局模型，其应用专为网络交付而设计，便于用户通过互联网托管、部署及接入，如图 2.14 所示。

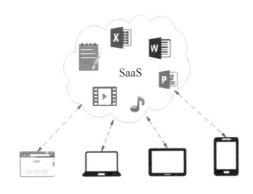

图 2.14 SaaS 服务示例图

2. 人工智能云服务平台

为了解决企业自行搭建人工智能应用时遇到的资金、技术和运维管理等方面的困难，人工智能企业纷纷以云服务的形式提供人工智能所需要的计算资源、平台资源及基础应用能力。这类云服务平台的意义在于：

①有效推动社会智能化水平的提升，降低企业使用人工智能的成本，推动人工智能向传统行业融合。

②成为人工智能服务化转型的重要基础。云服务平台使人工智能服务和应用不再封装于具体产品中，而可以以在线、随用随取的服务形式呈现。

③成为人工智能在垂直行业落地的重要基础。近两年，教育、医疗、金融等传统行业对人工智能相关技术和应用需求的不断提升，而云服务平台是解决技术和应用的基础。

目前国内典型的人工智能云服务平台见表 2.4。

表 2.4 国内典型的人工智能云服务平台

企业	平台名称	简　　介
科大讯飞	讯飞开放平台	平台以语音交互技术为核心，提供语音识别、语音合成等语音技术，人脸识别、声纹识别等生物识别技术，以及智能硬件解决方案
腾讯	腾讯 AI 开放平台	平台提供了自然语言处理、计算机视觉和智能语音服务
阿里巴巴	人工智能云平台	物联网服务平台，提供云管边端等基础产品接入及技术赋能
京东	NeuHub 人工智能开放平台	平台提供语音识别、视频识别、语义理解、图像识别、人脸识别、OCR 识别、人体识别等服务
百度	人工智能开放平台	平台提供语音、图像、自然语言处理等多项人工智能技术，开放对话式人工智能系统、智能驾驶系统

以云服务形式提供的人工智能服务主要有两种类型，分别为平台类的服务和软件应用程序接口（Application Programming Interface，API）形式的服务。

（1）平台类服务。

平台类服务主要包含 GPU 云服务、深度学习平台等，类似云服务的基础设施即服务 IaaS 和平台即服务 PaaS。

①GPU 云服务是以虚拟机的形式，为用户提供 GPU 计算资源，适用于深度学习、科学计算、图形图像渲染、视频解码等应用场景。

②深度学习平台是以 TensorFlow、Caffe、MXNet、Torch 等主流深度学习软件框架为基础，提供相应的常用深度学习算法和模型，组合各种数据源、组件模块，让用户可以基于该平台对语音、文本、图片、视频等海量数据进行离线模型训练、在线模型预测及可视化模型评估。

（2）软件 API 服务。

软件 API 服务主要分为智能语音类服务、计算机视觉类服务和自然语言处理服务。

①智能语音类服务主要提供语音语义相关的在线服务，可包括语音识别、语音合成、声纹识别、语音听转写等。

②计算机视觉类服务主要提供物体检测、人脸识别、人脸检测、图像识别、光学字符识别等服务。

③自然语言处理服务主要提供词法分析、词向量表示、词义相似度、句法分析、短文本相似度等服务，可用于智能对话系统（如智能客服）、相似内容推荐以及搜索结果扩展等场景中。

2.3　算法基础

算法是人工智能发展的引擎，人工智能算法发展至今不断创新。学术界早期研究重点集中在符号计算，人工神经网络在人工智能发展早期被完全否定，而后逐渐被认可，再成为今天引领人工智能发展潮流的一大类算法，显现出强大的生命力。

❋　算法基础

机器学习算法和深度学习算法是人工智能中的两大热点。深度学习开源软件框架是推进人工智能技术发展的重要动力，深度学习开源软件框架允许公众使用、复制和修改源代码，具有更新速度快、拓展性强等特点，可以大幅降低企业开发成本和客户的购买成本。这些平台被企业广泛地应用于快速搭建深度学习技术开发环境，并促使自身技术的加速迭代与成熟，最终实现产品的应用落地。

2.3.1　机器学习

1. 机器学习概念

机器学习（Machine Learning，ML）是一门涉及诸多领域的交叉学科。机器学习专门研究计算机怎样模拟或实现人类的学习行为，以获取新的知识或技能，重新组织已有的知识结构使之能不断改善自身的性能。

在计算机系统中，"经验"通常以"数据"形式存在，因此，机器学习所研究的主要内容，是关于在计算机上从经验数据中产生"模型"的算法。有了模型，在面对新的情况时，模型会给我们提供相应的判断。

如果说计算机科学是研究关于"算法"的学问，那么类似地，可以说机器学习是研究关于"学习算法"的学问。机器学习和人类思考的过程对比如图 2.15 所示。

图 2.15　机器学习与人类思考的过程对比

2. 机器学习分类

（1）根据学习模式分类。

根据学习模式不同，机器学习可分为监督学习、无监督学习和强化学习。

①监督学习。

监督学习是利用已标记的有限训练数据集，通过某种学习策略/方法建立一个模型，实现对新数据/实例的标记（分类）/映射。如图 2.16 所示，例如给定一篮水果，其中不同的水果都贴上了水果名的标签，要求机器从中学习，然后对一个新的水果预测其标签名。机器对每个水果进行了表示，根据水果名的标签，机器通过学习发现红色、甜的、圆形的对应的是苹果，黄色、甜的、条形的对应的是香蕉。于是，对于一个新的水果，机器按照这个水果的表示知道了它是苹果还是香蕉。

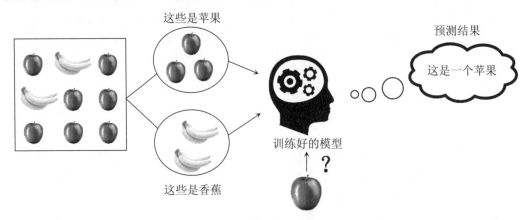

图 2.16　监督学习示例图

监督学习要求训练样本的分类标签已知，分类标签精确度越高，样本越具有代表性，学习模型的准确度越高。监督学习在自然语言处理、信息检索、文本挖掘、手写体辨识、垃圾邮件侦测等领域获得了广泛应用。

②无监督学习。

无监督学习是利用无标记的有限数据描述隐藏在未标记数据中的结构/规律。如图 2.17 所示，例如给定一篮水果，要求机器自动将其中的同类水果归在一起。机器会怎么做呢？首先对篮子里的每个水果都用一个向量来表示，例如颜色、味道、形状。然后将相似向量（向量距离比较近）的水果归为一类，红色、甜的、圆形的被划在了一类，黄色、甜的、条形的被划在了另一类。人类跑过来一看，原来第一类里的都是苹果，第二类里的都是香蕉呀，这就是无监督学习。

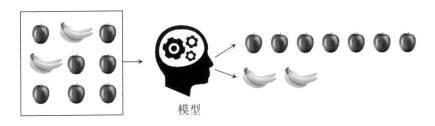

图 2.17　无监督学习示例

最典型的无监督学习算法包括单类密度估计、单类数据降维、聚类等。无监督学习不需要训练样本和人工标注数据，便于压缩数据存储、减少计算量和提升算法速度，还可以避免正、负样本偏移引起的分类错误问题。主要用于经济预测、异常检测、数据挖掘、图像处理、模式识别等领域，例如组织大型计算机集群、社交网络分析、市场分割、天文数据分析等。

③强化学习。

强化学习是智能系统从环境到行为映射的学习，以使强化信号函数值最大。由于外部环境提供的信息很少，强化学习系统必须靠自身的经历进行学习。强化学习的目标是学习从环境状态到行为的映射，使得智能体选择的行为能够获得环境最大的奖赏，使得外部环境对学习系统在某种意义下的评价为最佳。

与前两类问题不同的是，强化学习是一个动态的学习过程，而且没有明确的学习目标，对结果也没有精确的衡量标准。强化学习作为一个序列决策问题，就是计算机连续选择一些行为。在没有任何维度标签告诉计算机应怎么做的情况下，计算机先尝试做出一些行为，然后得到一个结果，通过判断这个结果是对还是错，来对之前的行为进行反馈。强化学习在机器人控制、无人驾驶、无人机、棋类游戏、工业控制等领域获得了成功应用。

（2）根据学习方法分类。

根据学习方法的不同，机器学习主要分为传统机器学习和深度学习。

①传统机器学习。

传统机器学习算法的重要理论基础之一是统计学，从一些观测（训练）样本出发，传统机器学习算法试图发现不能通过原理分析获得的规律，实现对未来数据行为或趋势的准确预测。传统机器学习算法的一般流程如图 2.18 所示。

图 2.18　传统机器学习流程

传统机器学习的相关算法包括逻辑回归、隐马尔科夫方法、支持向量机方法、K 近邻方法、三层人工神经网络方法、Adaboost 算法、贝叶斯方法及决策树方法等。

传统机器学习平衡了学习结果的有效性与学习模型的可解释性，为解决有限样本的学习问题提供了一种框架，在自然语言处理、语音识别、图像识别、信息检索和生物信息等许多计算机领域获得了广泛应用。

②深度学习。

深度学习是机器学习研究中的一个新兴领域，深度学习是建立深层结构模型的学习方法，又称为深度神经网络（指层数超过 3 层的神经网络）。相比其他机器学习方法，深度学习使用了更多的参数、模型也更复杂，从而使得模型对数据的理解更加深入，也更加智能。传统机器学习依赖手工选取特征，手工选取特征是一种费时、费力且需要专业知识的方法，很大程度上依赖经验和运气。而深度学习是从原始特征出发，自动学习高级特征组合，整个过程是端到端的，直接保证最终输出的是最优解。

3. 机器学习发展新趋势

近年来，人工智能技术快速发展，在计算机视觉、语音识别、语义理解等领域都实现了突破。但其相关算法目前并不完美，有待继续加强理论性研究，也不断有很多新的算法理论成果被提出，如生成对抗网络、迁移学习、胶囊网络等。

（1）生成对抗网络。

生成对抗网络（Generative Adversarial Networks，GAN）是一种无监督学习算法。GAN是使用两个神经网络模型训练而成的一种生成模型：其中一个称为"生成器"，可学习生成新的可用案例；另一个称为"判别器"，可学习判别生成的案例与实际案例。两种模型处于一种竞争状态，生成器企图欺骗判别器，而判别器则要努力区分生成案例和实际案例。经过学习，生成器可生成几乎可以"以假乱真"的新案例。GAN 最主要的应用是图像生成，如超分辨率任务、语义分割等。图 2.19 展示了两个通过 GAN 将素描转化成彩色图片的例子。

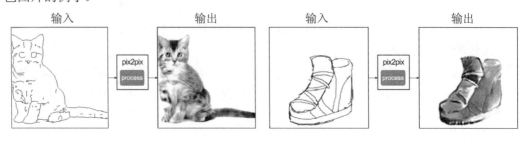

图 2.19　通过 GAN 将素描转化成彩色图片的示例

（2）迁移学习。

迁移学习是利用数据、任务或模型之间的相似性，将学习过的模型应用于新领域的一类算法。迁移学习可大大降低深度网络训练所需的数据量，缩短训练时间。深度迁移学习最简单的一种实现方式是通过将一个问题上训练好的模型进行简单的调整使其适用于一个新的问题，具有节省时间成本、模型泛化能力好、实现简单、少量的训练数据就可以达到较好效果的优势。

（3）胶囊网络。

胶囊网络是为了克服卷积神经网络的局限性而提出的一种新的网络架构。卷积神经网络存在着难以识别图像中的位置关系、缺少空间分层和空间推理能力等局限性。胶囊网络由胶囊而不是由神经元构成，胶囊由一小群神经元组成，输出为向量，向量的长度表示物体存在的估计概率，向量的方向表示物体的姿态参数。胶囊网络能同时处理多个不同目标的多种空间变换，所需训练数据量小，从而可以有效地克服卷积神经网络的局限性，理论上更接近人脑的行为。

2.3.2　深度学习

1. 深度学习的概念

深度学习是机器学习的重要分支，又称深度神经网络，本质上是多层次的人工神经网络算法，即从结构上模拟人脑的运行机制，从最基本的单元上模拟人类大脑的运行机制。

从 20 世纪 40 年代起，就有学者开始从事神经网络的研究，但是由于缺乏强大的硬件算力和大量数据的支撑，神经网络的实际应用效果始终受到人们的质疑。近年来，随着算法的不断改进和硬件的进步，训练神经网络的效率得到了显著的提高，而且随着数据量的爆发式增长，有了足够的数据进行深度神经网络的训练。直到 2006 年，杰夫里·辛顿提出深度学习算法，深度神经网络才真正开始在人工智能领域大放异彩。

目前深度学习已经在语音识别、图像识别、自然语言理解等领域取得突破。在语音识别领域，2010 年，使用深度神经网络模型的语音识别相对传统混合高斯模型识别错误率降低超过 20%，目前所有的商用语音识别算法都基于深度学习。在图像分类领域，目前针对 ImageNet 数据集的算法分类精度已经达到了 95% 以上，可以与人的分辨能力相当。在自然语言理解领域，目前主流的机器翻译平台都使用了深度学习算法。

2. 深度学习的原理

（1）神经网络。

神经网络模型如图 2.20 所示，数据由输入层（Input Layer）输入网络，通过一系列隐藏层（Hidden Layer）将其转换为输出数据由输出层（Output Layer）输出。每一层都由一组神经元组成，每个神经元用一个圆圈来表示，其中每个神经元都连接到下一层中的每个神经元，并且每个连接包含一个权值。算法通过训练网络中的每个连接的权值，使网络完成特定的功能。

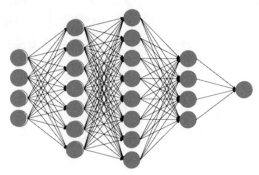

图 2.20　包含多个隐层的深度神经网络模型

让我们将这种神经网络体系结构应用于我们的图像分类任务。假设我们有一个 50 像素×50 像素的输入图像，想将其分类为狮子或老虎，可以通过训练一个简单的三层网络来实现，如图 2.21 所示。

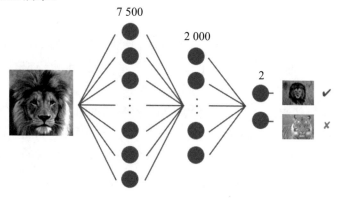

图 2.21　用于图像分类的三层神经网络

该网络的输入层为图像，每个像素的值输入一个神经元，考虑到彩色图像包括红色、绿色和蓝色三个通道，每个通道包括 50×50=2 500 个像素值，输入层共有 7 500 个神经元。该网络的隐藏层包括 2 000 个神经元，输出层有 2 个神经元，一个用于输出是狮子的概率，另一个用于输出是老虎的概率。那么，该网络中的连接总数为

$$（7\ 500×2\ 000）+（2\ 000×2）= 15\ 004\ 000$$

该神经网络需要学习的权值数约为 1 500 万，这意味着需要大量的训练数据和大量的计算资源来训练这个网络。鉴于这些实际考虑，一种被称为卷积神经网络的网络结构出现了。

（2）卷积神经网络。

卷积神经网络的每层按照三个维度进行组织：宽度，高度和深度。一层中的神经元

不连接到下一层中的所有神经元，而仅连接到它的一小部分区域，最终的输出将被减少到一个沿着深度方向的概率向量值。如图 2.22 所示，卷积神经网络使用一系列卷积、非线性激活和池化操作，进行自动的特征提取。

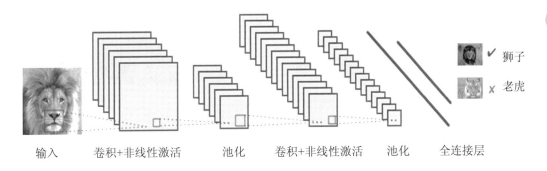

输入　　卷积+非线性激活　　池化　　卷积+非线性激活　　池化　　全连接层

图 2.22　卷积神经网络结构示例

①卷积。

卷积层是卷积神经网络的主要组成部分，它实现了局部连接和权值共享。卷积是合并两组信息的数学运算，卷积核将卷积应用于输入数据以产生特征映射。工作中，使用卷积核对输入数据执行卷积，然后产生特征输出。结合图 2.23 来理解卷积操作，在输入上滑动卷积核将每个位置上的对应元素相乘并将结果求和，得到特征输出。

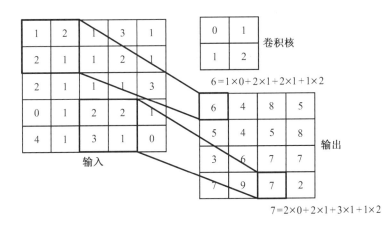

$6=1×0+2×1+2×1+1×2$

$7=2×0+2×1+3×1+1×2$

图 2.23　卷积操作示例

对于图像来说，卷积操作实际上是在尝试检测内核窗口中某个功能的存在。它要寻找的特征类型取决于卷积核的权值。结果输出称为特征图，它描述了整个输入图像中给定特征的存在。举例来说，将可检测边缘的卷积核应用于一幅老虎的图像会产生如图 2.24 所示的特征图。为了执行图像识别，必须考虑将许多不同类型的特征相互组合，因此单个卷积层通常将包含许多不同的特征图。

52

图 2.24　用于边缘检测的卷积核示例

②非线性激活。

卷积是线性运算，因此将许多卷积层组合在一起只能学习线性函数。这对于我们要解决的大多数实际问题，包括图像识别、语音识别等来说都是不够的。为了使神经网络能够学习更复杂的非线性函数，需要在网络中引入一些非线性元素。

在卷积神经网络中，这是通过对卷积层中生成的每个特征图应用非线性函数来完成的。最常用的非线性函数是如图 2.25 所示的线性整流函数（Rectified Linear Unit，ReLU）。这个函数可将负值替换为 0。线性整流函数是神经网络中使用最广泛的非线性函数之一，因为它具有一些不错的属性，有助于避免训练中出现诸如梯度饱和之类的问题。

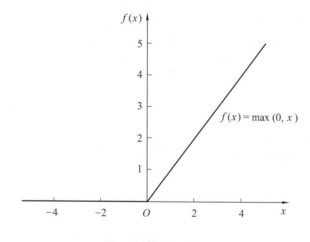

图 2.25　线性整流函数

③池化。

池化保留主要特征的同时减少参数和计算量，防止过拟合，提高模型泛化能力。池化是一种降采样的方法，会导致输出尺寸变小。

池化的最常见方法是最大池化，即采用特征图中给定区域的最大值，图 2.26 的示例展示了将最大池化应用于 2×2 的池化窗口的效果。

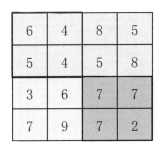 

输入　　　　　　　　　输出

图 2.26　最大池化示例

④全连接层。

随着卷积神经网络的层数加深，卷积层中的特征图能够检测出更加复杂的特征。仍然以前面的图像分类案例为例，较浅层的特征图可以检测出简单的结构，例如水平或垂直边缘，而较深层的特征图则可以找到一些更复杂的结构，例如眼睛、耳朵或嘴巴。

这个现象可以用卷积核的接收场的概念来解释。在第一个卷积层中，2×2 的卷积核只能访问输入图像中的 4 个像素，因此，该卷积核无法检测到耳朵，但可以准确地检测到像素从亮到暗（即边缘）的过渡。在 2×2 池化操作之后，池化后的特征图中每个元素都会受到原始输入图像中 4 个像素的影响。因此，下一个卷积层中 2×2 的卷积核将受到来自输入图像的 16 个像素的影响。随着卷积层的加深，每个卷积核都可以"看到"输入图像的更大的一部分，因此可以检测到更复杂的特征。这就是为什么随着卷积神经网络的深度变得越来越深，我们能够检测到更大的结构，最终使我们能够对狮子和老虎进行分类。

大多数卷积神经网络都以一个或多个全连接层结束，这允许神经网络学习将高层次特征图的最后一层映射到每个图像的分类。例如，如果图像包含两只眼睛、鼻子、尖锐的牙齿和有条纹的身体，这很有可能是老虎的图片。

3. 深度学习软件框架

深度学习软件框架是指将人工智能基础算法封装成算法模型工具库，供开发者使用。深度学习软件框架使开发者在无须深入了解底层算法的细节的情况下，能够更容易、更快速地构建深度学习模型。深度学习软件框架利用预先构建和优化好的组件集合定义模型，为模型的实现提供了一种清晰而简洁的方法。

利用恰当的框架可以快速构建模型，而无须编写数百行代码，一个良好的深度学习框架具备以下关键特征：优化的性能、易于理解和编码、良好的社区支持、并行化的进程及自动计算梯度。目前业内主流软件框架基本都是开源化运营，典型深度学习开源软件框架见表 2.5。

表 2.5　典型深度学习开源软件框架

深度学习软件框架	支持语言	简　介
TensorFlow	Python/C++/R/Go…	神经网络开源库
Keras	Python	模块化神经网络库 API
PyTorch	Python, C	机器学习算法开源框架
Caffe	C++	卷积神经网络开源框架
Deeplearning4j	C++, Java	分布式深度学习库
CNTK	C++	深度学习计算网络工具包
PaddlePaddle	Python/C++	深度学习开源平台

（1）TensorFlow。

TensorFlow 深度学习软件框架完全是开源的，并且有出色的社区支持。TensorFlow 为大多数复杂的深度学习模型预先编写好了代码，例如递归神经网络和卷积神经网络。TensorFlow 支持多种语言来创建深度学习模型，例如 Python、C 和 R 等。TensorFlow 的灵活架构使开发者能够在一个或多个 CPU（及 GPU）上部署深度学习模型。

（2）Keras。

Keras 是一个用 Python 编写的应用软件接口，为快速实验而开发，可以在 TensorFlow 及 CNTK 之上运行。Keras 支持卷积神经网络和递归神经网络，可以在 CPU 和 GPU 上无缝运行。它的目标是最小化用户操作，并使深度学习模型真正容易理解和使用。

（3）PyTorch。

PyTorch 是一个基于 Python 语言的深度学习框架，专门针对 GPU 加速的深度神经网络（DNN）的程序开发，它允许通过动态神经网络（即 if 条件语句和 while 循环语句那样利用动态控制流的网络）自动分化。它支持 GPU 加速、分布式训练、多种优化以及更多的、更简洁的特性。

（4）Caffe。

Caffe 是一个面向图像处理领域的深度学习框架。Caffe 最突出的特点是它的处理速度和从图像中学习的速度，Caffe 可以每天处理超过六千万张图像，只需单个 NVIDIA K40 GPU，它为 C、Python、MATLAB 等接口以及传统的命令行提供了坚实的支持。通过 Caffe Model Zoo 框架可访问用于解决深度学习问题的预训练网络、模型和权重。

（5）Deeplearning4j（DL4J）。

DL4J 是一个用 Java 实现的深度学习软件框架，它使用称为 ND4J 的张量库，提供了处理 n 维数组（也称为张量）的能力。该软件框架还支持 CPU 和 GPU。Deeplearning4j 将加载数据和训练算法的任务作为单独的过程处理，这种功能分离提供了很大的灵活性。

（6）Microsoft Cognitive Toolkit（CNTK）。

CNTK 以其在智能语音语义领域的优势及良好性能而著称。该软件框架具有速度快、可扩展性强、商业级质量高以及 C++和 Python 兼容性好等优点，支持各种神经网络模型、异构及分布式计算，在语音识别、机器翻译、类别分析、图像识别、图像字幕、文本处理、语言理解和语言建模等领域都拥有良好应用。

（7）PaddlePaddle。

PaddlePaddle 以其易用性和支持工业级应用而著称。该软件框架是我国自主开发软件框架的代表。其最大特点就是易用性，得益于其对算法的封装，对于现成算法（卷积神经网络 VGG、深度残差网络 ResNet、长短期记忆网络 LSTM 等）的使用可以直接执行命令替换数据进行训练，适合用于需要成熟稳定的模型来处理新数据的情况。

第 3 章　人工智能编程基础

3.1　Python 简介及安装

3.1.1　Python 介绍

Python 是一种跨平台的计算机程序设计语言。它是一种面向对象的动态类型语言，最初被设计用于编写自动化脚本，随着版本的不断更新和语言新功能的添加，越来越多地被用于独立的、大型项目的开发。

❋ Python 简介

Python 因其动态便捷性和丰富的第三方扩展功能库，在人工智能的各个领域有广泛的应用。此外，Python 还是目前通用的编程语言中相对简单易学的，通过掌握 Python 的基础知识，结合各大人工智能开放平台的应用程序接口（API），可以快速开发出包括语音识别、计算机视觉、智能问答等在内的人工智能应用程序。

3.1.2　软件安装

本书中所使用的 Python 软件版本为 3.8.1，可从 Python 官网 https://www.python.org/ 下载，下载安装的具体操作步骤见表 3.1。

表 3.1　Python 软件下载安装步骤

序号	图片示例	操作步骤
1	python™ About Downloads Documentation All releases Source code Download the l___ ___hon Windows Download Python 3.8.2	点击"Downloads"，点击"All releases"，显示所有软件版本

续表 3.1

序号	图片示例	操作步骤
2	Release version　Release date Python 2.7.18　April 20, 2020　⬇ Download Python 3.7.7　March 10, 2020　⬇ Download Python 3.8.2　Feb. 24, 2020　⬇ Download Python 3.8.1　Dec. 18, 2019　⬇ Download Python 3.7.6　Dec. 18, 2019　⬇ Download Python 3.6.10　Dec. 18, 2019　⬇ Download Python 3.5.9　Nov. 2, 2019　⬇ Download	·向下滚动页面，找到 Python 3.8.1，点击 "Download"
3	←　∨　↑　💻 ＞ 此电脑 ＞ 本地磁盘 (E:) 名称　类型 📁 $RECYCLE.BIN　文件夹 📄 msdia80.dll　应用程序扩展 🐍 python-3.8.1.exe　应用程序	打开文件下载目录，双击 python-3.8.1.exe 文件安装程序
4	🐍 Python 3.8.1 (32-bit) Setup　－　✕ Install Python 3.8.1 (32-bit) Select Install Now to install Python with default settings, or choose Customize to enable or disable features. ⊙ Install Now 　C:\Users\lenovo\AppData\Local\Programs\Python\Python38-32 　Includes IDLE, pip and documentation 　Creates shortcuts and file associations → Customize installation 　Choose location and features python for windows ☑ Install launcher for all users (recommended) ☑ Add Python 3.8 to PATH　Cancel	勾选 Add Python 3.8 to PATH 前的方框，点击 "Install Now"，开始默认安装
5	🐍 Python 3.8.1 (32-bit) Setup　－　✕ Setup was successful Special thanks to Mark Hammond, without whose years of freely shared Windows expertise, Python for Windows would still be Python for DOS. New to Python? Start with the online tutorial and documentation. See what's new in this release. ⊙ Disable path length limit 　Changes your machine configuration to allow programs, including Python, to bypass the 260 character "MAX_PATH" limitation. python for windows 　Close	点击【Close】关闭安装程序，完成安装

3.2 软件界面

3.2.1 主界面

点击 Windows 操作系统任务栏最左侧的"▦"图标，在弹出的应用程序列表中找到 Python 程序文件夹，如图 3.1 所示，点击"IDLE（Python 3.8 32-bit）"运行。

图 3.1　运行 Python 集成开发和学习环境 IDLE 的方法

打开的 Python IDLE 窗口如图 3.2 所示，该窗口称为交互式命令行（Shell）。在计算机科学中，Shell 是指为用户提供操作界面的软件。它类似于 Windows 上的终端或命令提示符 cmd.exe。使用 Python 的交互式命令行，用户可以输入要运行的 Python 代码，计算机将读取用户输入的代码并立即运行它们。Python 交互式命令行由菜单栏和编辑显示区两个部分组成，如图 3.2 所示。

图 3.2　Python 交互式命令行基本组成

3.2.2 菜单栏

菜单栏包括文件（File）、编辑（Edit）、交互式命令行（Shell）、调试（Debug）、选项（Options）、窗口（Window）、帮助（Help）几个部分，如图 3.3 所示。

图 3.3　菜单栏

1. 文件（File）

文件菜单如图 3.4 所示，菜单的详细介绍见表 3.2。

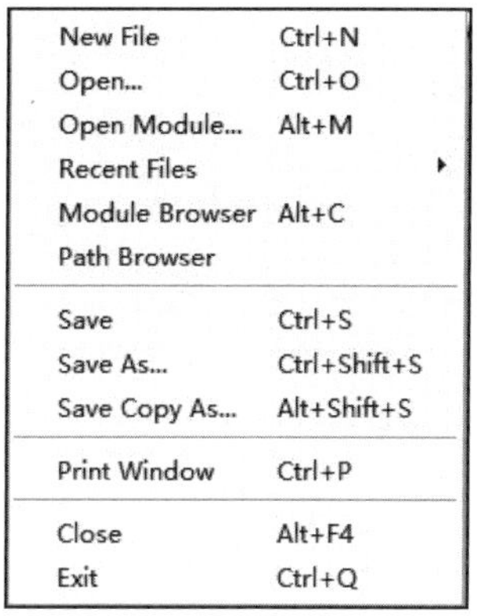

```
New File          Ctrl+N
Open...           Ctrl+O
Open Module...    Alt+M
Recent Files               ▶
Module Browser    Alt+C
Path Browser

Save              Ctrl+S
Save As...        Ctrl+Shift+S
Save Copy As...   Alt+Shift+S

Print Window      Ctrl+P

Close             Alt+F4
Exit              Ctrl+Q
```

图 3.4　文件菜单

表 3.2　文件菜单介绍

英文名称	中文翻译	说　　明
New File	新建文件	创建一个文件编辑器窗口
Open...	打开...	打开一个已存在的文件
Open Module...	打开模块...	打开一个已存在的模块
Recent Files	近期文件	打开一个近期文件列表，选取一个以打开它
Module Browser	类浏览器	于当前所编辑的文件中使用树形结构展示函数、类和方法
Path Browser	路径浏览器	在树状结构中展示 sys.path 目录、模块、函数、类和方法
Save	保存	如果文件已经存在，则将当前窗口保存至对应的文件。如果没有对应的文件，则使用"另存为"代替
Save As...	另存为...	使用"另存为"对话框保存当前窗口
Save Copy As...	另存为副本...	保存当前窗口至另一个文件，而不修改当前对应文件
Print Window	打印窗口	通过默认打印机打印当前窗口
Close	关闭	关闭当前窗口
Exit	退出	关闭所有窗口并退出 IDLE

59

2. 编辑（Edit）

编辑菜单如图 3.5 所示，菜单的详细介绍见表 3.3。

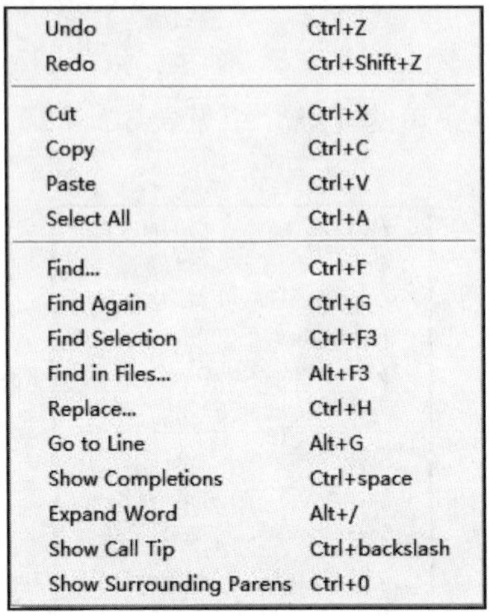

Undo	Ctrl+Z
Redo	Ctrl+Shift+Z
Cut	Ctrl+X
Copy	Ctrl+C
Paste	Ctrl+V
Select All	Ctrl+A
Find...	Ctrl+F
Find Again	Ctrl+G
Find Selection	Ctrl+F3
Find in Files...	Alt+F3
Replace...	Ctrl+H
Go to Line	Alt+G
Show Completions	Ctrl+space
Expand Word	Alt+/
Show Call Tip	Ctrl+backslash
Show Surrounding Parens	Ctrl+0

图 3.5　编辑菜单

表 3.3　编辑菜单介绍

英文名称	中文翻译	说　　明
Undo	撤销操作	撤销当前窗口的最近一次操作
Redo	重做	重做当前窗口最近一次所撤销的操作
Cut	剪切	复制选区至系统剪贴板，然后删除选区
Copy	复制	复制选区至系统剪贴板
Paste	粘贴	插入系统剪贴板的内容至当前窗口
Select All	全选	选择当前窗口的全部内容
Find...	查找...	打开一个提供多选项的查找窗口
Find Again	再次查找	重复上次搜索
Find Selection	查找选区	查找当前选中的字符串
Find in Files...	在文件中查找...	打开文件查找对话框，将结果输出至新的输出窗口
Replace...	替换...	打开"查找并替换"对话框
Go to Line	前往行	将光标移动至请求的行编号，并使其恢复可见
Show Completions	提示完成	打开一个可滚动列表，允许选择关键字和属性
Expand Word	展开文本	展开键入的前缀以匹配同一窗口中的完整单词；重复以获得不同的扩展
Show Call Tip	显示调用贴士	在函数的右括号后，打开一个带有函数参数提示的小窗口
Show Surrounding Parens	显示周围括号	突出显示周围的括号

3. 交互式命令行（Shell）

交互式命令行的菜单如图 3.6 所示，菜单的详细介绍见表 3.4。

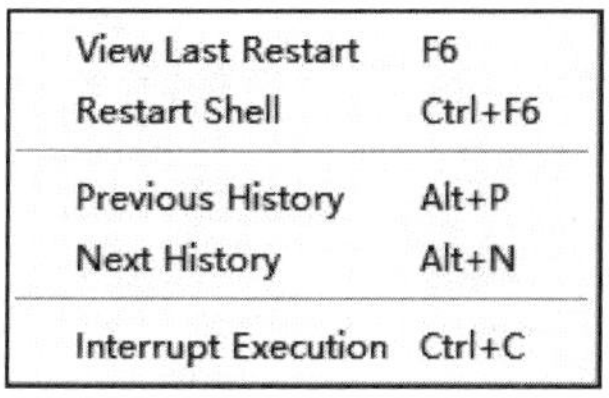

图 3.6　交互式命令行菜单

表 3.4　交互式命令行菜单介绍

英文名称	中文翻译	说　　明
View Last Restart	查看最近重启	将交互式命令行窗口滚动到上一次交互式命令行重启时
Restart Shell	重启交互式命令行	重新启动交互式命令行以清理环境
Previous History	上一条历史记录	循环浏览历史记录中与当前条目匹配的早期命令
Next History	下一条历史记录	循环浏览历史记录中与当前条目匹配的后续命令
Interrupt Execution	中断执行	停止正在运行的程序

4. 调试（Debug）

调试菜单如图 3.7 所示，菜单的详细介绍见表 3.5。

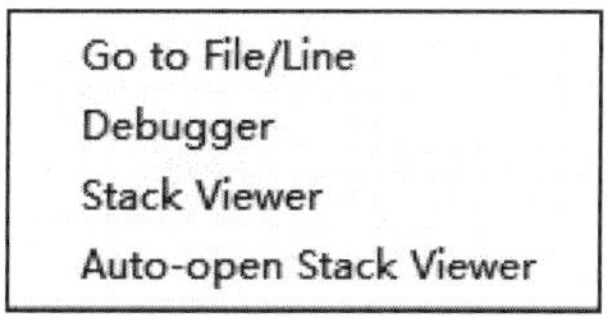

图 3.7　调试菜单

表 3.5　调试菜单介绍

英文名称	中文翻译	说　　明
Go to File/Line	跳转到文件/行	可以查看异常回溯中引用的源行和文件中查找找到的行
Debugger	调试器	激活后，在交互式命令行中输入的代码或从编辑器中运行的代码将在调试器下运行
Stack Viewer	堆栈查看器	在树状目录中显示最后一个异常的堆栈回溯，可以访问本地和全局
Auto-open Stack Viewer	自动打开堆栈查看器	在未处理的异常上切换自动打开堆栈查看器

5. 选项（**Options**）

选项菜单如图 3.8 所示，菜单的详细介绍见表 3.6。

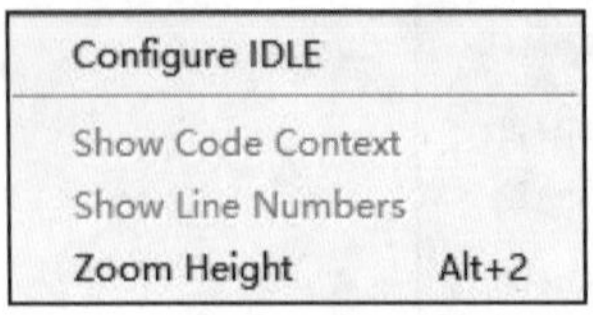

（a）状态 1 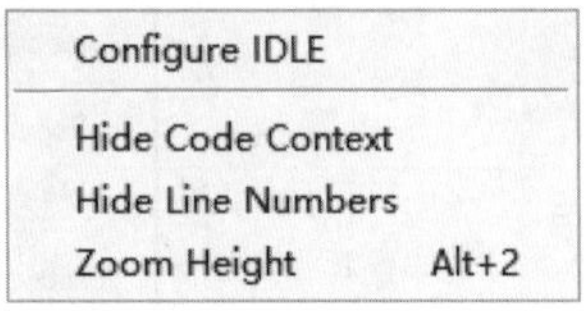　　　　　　　　　　　（b）状态 2

图 3.8　选项菜单

表 3.6　选项菜单介绍

英文名称	中文翻译	说　　明
Configure IDLE	配置 IDLE	打开配置对话框并更改以下各项的首选项：字体、缩进、键绑定、文本颜色主题、启动窗口和大小、其他帮助源和扩展名
Show/Hide Code Context	显示/隐藏代码上下文	打开/关闭编辑窗口顶部的一个窗格，该窗格显示在窗口顶部滚动的代码块上下文
Show/Hide Line Numbers	显示/隐藏行号	打开/关闭编辑窗口左侧的列，其中显示每行文本的编号
Zoom Height	缩放高度	在正常大小和最大高度之间切换窗口

6. 窗口（**Window**）

窗口菜单列出所有打开的窗口的名称；默认状态下只打开了一个窗口，也就是 Python 交互式命令行，如图 3.9 所示。

图 3.9　窗口菜单

7. 帮助（**Help**）

帮助菜单如图 3.10 所示，菜单的详细介绍见表 3.7。

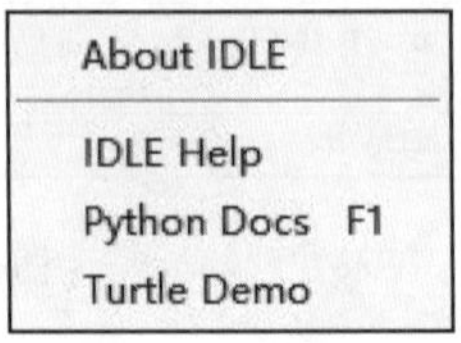

图 3.10　帮助菜单

表 3.7 帮助菜单介绍

英文名称	中文翻译	说 明
About IDLE	关于 IDLE	显示版本、版权、许可证等
IDLE Help	IDLE 帮助	显示 IDLE 帮助文档,详细介绍菜单选项、基本编辑和导航,以及其他技巧
Python Docs F1	Python 文档	访问本地 Python 文档(如果已安装),或启动 Web 浏览器并打开 docs.python.org 显示最新的 Python 文档
Turtle Demo	Turtle 绘图库演示	使用示例 Python 代码和 turtle 绘图库运行 turtledemo 绘图示例模块

3. 2. 3 基本操作

在 IDLE 中运行程序主要有三种方式:一是通过交互式命令行,二是通过 IDLE 菜单栏,三是通过系统命令行。我们以一个能够在窗口中显示文字的简单程序为例,介绍 IDLE 中编写运行程序的三种方式。

1. 交互式命令行运行程序

在交互式命令行中输入并运行程序,步骤见表 3.8。

表 3.8 交互式命令行中输入并运行程序步骤

序号	图片示例	操作步骤
1	Python 3.8.1 Shell 窗口示例: Python 3.8.1 (tags/v3.8.1:1b293b6, Dec 18 2019, 22:39:2 4) [MSC v.1916 32 bit (Intel)] on win32 Type "help", "copyright", "credits" or "license()" for more information. >>> print('Hello World')	启动 IDLE,在>>>提示符旁边输入"print('Hello world')"
2	Python 3.8.1 Shell 窗口示例: Python 3.8.1 (tags/v3.8.1:1b293b6, Dec 18 2019, 22:39:2 4) [MSC v.1916 32 bit (Intel)] on win32 Type "help", "copyright", "credits" or "license()" for more information. >>> print('Hello World') Hello World >>>	按下键盘上的回车键,窗口上将显示出文字:Hello World

2. IDLE 菜单栏运行程序

创建文件,编写并运行程序,步骤见表 3.9。

表 3.9　IDLE 菜单栏运行程序步骤

序号	图片示例	操作步骤
1	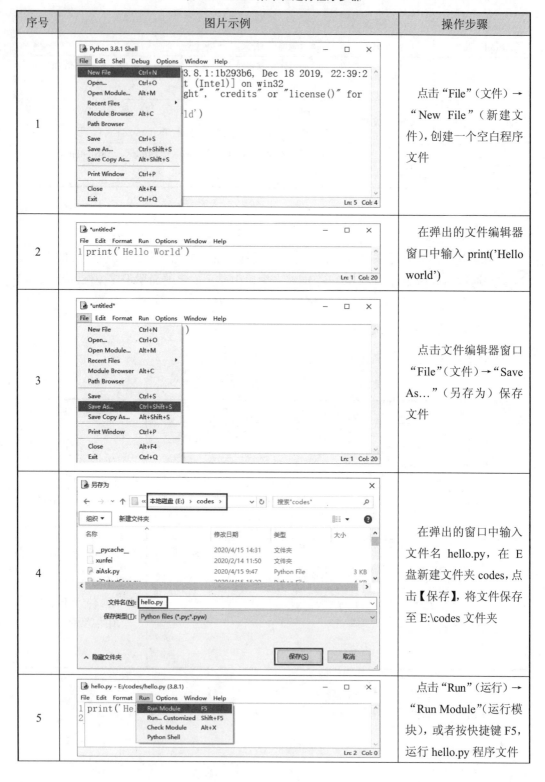	点击 "File"（文件）→ "New File"（新建文件），创建一个空白程序文件
2		在弹出的文件编辑器窗口中输入 print('Hello world')
3		点击文件编辑器窗口 "File"（文件）→ "Save As…"（另存为）保存文件
4		在弹出的窗口中输入文件名 hello.py，在 E 盘新建文件夹 codes，点击【保存】，将文件保存至 E:\codes 文件夹
5		点击 "Run"（运行）→ "Run Module"（运行模块），或者按快捷键 F5，运行 hello.py 程序文件

续表 3.9

序号	图片示例	操作步骤
6	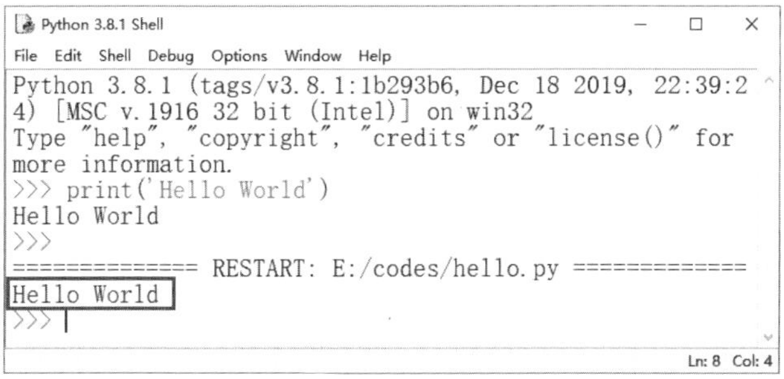	程序运行结果如左图所示，窗口上显示出文字 Hello World

3. 系统命令行模式

按照表 3.9 的步骤创建文件 E:\codes\hello.py，在系统命令行中运行程序，步骤见表 3.10。

表 3.10　系统命令行程序运行步骤

序号	图片示例	操作步骤
1		同时按住键盘上的 win 按钮"⊞"和"r"，输入 cmd，点击【确定】，启动 Windows 命令行
2		在系统命令行中输入 "python E:\codes\hello.py"，按回车键运行程序

3.3 编程语言

3.3.1 基础语法

1. 标识符

※ 编程基础

在 Python 里，标识符由字母、数字和下画线组成。在 Python 中，所有标识符可以包括英文、数字和下画线（_），但不能以数字开头。Python 中的标识符是区分大小写的。以两个连续的下划线开头和结尾的标识符代表 Python 里特殊方法专用的标识，如 __init__()代表类的构造函数。

下面的列表显示了在 Python 中的保留字符。这些保留字符不能用作标识符名称，见表 3.11。

表 3.11　Python 保留字符

and	exec	not	def	if	return
assert	finally	or	del	import	try
break	for	pass	elif	in	while
class	from	print	else	is	with
continue	global	raise	except	lambda	yield

表 3.12 列举了一些合法与不合法的标识符名称。

表 3.12　合法与不合法的标识符名称举例

合法的标识符名称	不合法的标识符名称
Balance	current-balance（标识符名称中不能出现连字符-）
currentBalance	current balance （标识符名称中不能出现空格）
Account4	4account （标识符名称不能以数字开头）
_sum	total_$um （标识符名称中不能出现字符$）
account_sum	'hello' （标识符名称中不能出现引号字符）

2. 行和缩进

Python 使用缩进来区分代码块。缩进的空白数量是可变的，同一个代码块中的语句必须包含相同的缩进空白数量。缩进可以使用空格或者 Tab 键来进行控制，建议在一个程序文件中统一使用空格或者 Tab 键，不建议混合使用。

以下实例缩进为两个空格：

```
if True:
    print("Answer")
    print("True")
else:
    print("Answer")
    print("False")
```

程序运行结果为:

Answer

True

以下代码执行时会发生错误:

```
if True:
    print("Answer")
    print("True")
else:
    print("Answer")
        print("False")                                    # 缩进不一致，在执行时会报错
```

执行程序时会报如图 3.11 所示错误，这是因为 print("False")语句与 print("Answer")语句属于同一个代码块，应当具有相同的缩进值。

图 3.11　缩进错误

3. 多行语句

Python 语句中一般以新行作为语句的结束符，如果需要将一行的语句分为多行显示，可以使用斜杠（\）作为续行符，如下所示:

```
total = item_one + \
        item_two + \
        item_three
```

在[]、{}或()括号中的内容也可以不使用续行符，但是在引号内的内容换行必须加续行符，如下所示：

```
days = ['Monday', 'Tuesday', 'Wedne  \
    sday','Thursday', 'Friday']
```

4. 注释

Python 中单行注释采用 # 开头，如下所示：

```
print ("Hello, Python!")   # 打印输出 Hello, Python!
```

Python 中多行注释使用三个单引号(''')或三个双引号("""),如下所示：

```
'''
这是多行注释。
这是多行注释。
这是多行注释。
'''
```

5. 表达式

启动 IDLE，运行 Python 交互式命令行，让 Python 做一些简单的数学运算，在>>>提示符后输入 1+2，然后按下键盘上的回车键，该命令的执行结果为 3。

```
>>> 1+2
3
```

注：在交互式命令行中，在"">>>""提示符之后输入代码，没有"">>>""提示符表示是运行结果，不是代码。

在 Python 中，1+2 称为表达式，是最基本的编程指令。表达式由值（例如 2）和运算符（例如+）组成，并且表达式最终可以通过求值（即合并）得到单个值。

除了加号运算符"+"之外，表达式中可以使用多种运算符。表 3.13 列出了 Python 中的所有算术运算符。

表 3.13　Python 算术运算符

运算符	说明	示例表达式	表达式计算结果
+	加法	1 + 2	3
–	减法	5 – 2	3
*	乘法	3 * 5	15
/	除法	22 / 8	2.75
//	取整除，向下取接近除数的整数	22 // 8	2
%	取模，返回除法的余数	22 % 8	6
**	指数	2 ** 3	8

尝试在交互式命令行中输入以下表达式：

```
>>> 2 + 3 * 6
20
>>> (2 + 3) * 6
30
>>> 48565878 * 578453
28093077826734
>>> 2 ** 8
256
>>> 23/ 7
3.2857142857142856
>>> 23 // 7
3
>>> 23%7
2
>>> 2 + 2
4
>>> (5-1) * ((7 + 1) / (3-1))
16.0
```

6. 变量

一个变量是在计算机内存中的一块存储区域，用来存储值。我们可以使用赋值语句将值存储在变量中。赋值语句由变量名，等于号（称为赋值运算符）和要存储的值组成。如果输入赋值语句 "a=28"，则名为 a 的变量将存储整数值 28。为了方便理解，我们可以将变量想象成一个贴了标签的盒子，如图 3.12 所示。变量在第一次存储值时被初始化（或创建），初始化之后，可以在表达式中使用它，例如：

```
>>> a = 28
>>> a
28
>>> b = 2
>>> a + b
30
```

图 3.12　变量的初始化

当一个变量被赋予一个新的值后，旧的值会被覆盖掉。在交互式命令行中输入以下代码：

```
>>> a = 28
>>> a
28
>>> a = 22
>>> a
22
```

如图 3.13 所示，变量 a 首先存储值 28，在表达式 a=22 执行之后，a 存储的值变成了 22。

图 3.13　变量被赋予新值

3.3.2　数据类型

Python 的核心数据类型有 6 个，分别为数字、字符串、列表、字典、元组和集合，见表 3.14。

表 3.14　Python 核心数据类型

数据类型	示例
数字	12345, 3.1415, −20
字符串	'hello', 'name', "student's"
列表	[1, 2, 4.5], ['apple', 'orange', 'banana', 'pear']
字典	{'food': 'bread', 'taste': 'yum', 'drink': 'milk'}
元组	(1, 'a', 'name', 2), ('abcd', 786, 2.23, 'edubot')
集合	{'a', 'b', 'c'}, {'Tom', 'Jim', 'Jack', 'Rose'}

1. 数字

Python 常用的数字类型主要包括三种，分别为整数、浮点数和复数，见表 3.15。

表 3.15　Python 数字类型

数字类型	英文名称	示例
整数	int	10, 100, −3232, 020
浮点数	float	1.0, 15.20, 3.14e5, 7.2E−10
复数	complex	3+4j, .32j

数字类型支持一般的数学运算，使用示例如下：

```
>>> 123 + 222                          # 两个整数相加
345
>>> 1.5 * 4                            # 浮点数乘以整数
6.0
```

注：#后面的内容为注释，不需要输入到交互式命令行中。

2. 字符串

字符串是用来记录文本信息（如姓名）和任意的字节集合（如图片文件的内容）。从严格意义上说，字符串是由单字符的字符串所组成的序列。

字符串用英文字符单引号（'）或双引号（"）括起来（注意，在代码中只能够出现英文标点符号，出现中文标点符号编辑器会报错），用双引号括起来的字符串内部可以包含单引号，字符串示例如下：

```
单引号：'abcde', 'hello world! '
双引号："students' names"
```

字符串中的字符可以通过索引值访问，索引值从前面开始以 0 为起始值，从后面开始以-1 为起始值。以'abcde'字符串为例，每个字符的索引值如图 3.14 所示。

```
从后面索引：    -5  -4  -3  -2  -1
从前面索引：     0   1   2   3   4
              +---+---+---+---+---+
              | a | b | c | d | e |
              +---+---+---+---+---+
```

图 3.14　字符串的索引值

字符串也可以被截取，截取的语法格式如下：

```
变量名[起始字符索引值:结束字符索引值+1]
```

其中，省略起始字符索引值表示从字符串第一个字符开始截取，省略结束字符索引值表示截取到最后一个字符，如果同时省略，只保留冒号，表示截取所有字符。

字符串使用示例如下：

```
>>> str = 'abcde'              # 创建字符串'abcde'，并赋给变量 str
>>> str                        # 输出变量 str 的值
'abcde'
>>> str[0]                     # 输出字符串第一个字符
'a'
>>> str[-1]                    # 输出最后一个字符
'e'
>>> str[1:4]                   # 输出从第二个到第四个字符
'bcd'
>>>str + 'fgh'                 # 用加号+连接两个字符串
'abcdefgh'
>>>str * 3                     # 用乘号*复制字符串
'abcdeabcdeabcde'
```

3. 列表

列表是一个任意类型的对象的位置相关的有序集合，它没有固定的大小。列表提供了一种可以灵活地表示任意集合的工具，例如一个文件夹中的文件、一个公司里的员工，或者收件箱中的邮件等。列表中元素的类型可以不相同，它支持数字、字符串，甚至可以包含列表（所谓嵌套）。

列表的元素是写在中括号之间、用逗号分隔开，列表定义格式如下：

```
[元素 1, 元素 2, 元素 3, ...]
```

示例如下：

```
[123, 'abcde', 1.23, -5]
```

和字符串一样，列表可以被索引和截取，索引值从前面开始以 0 为起始值，从后面开始以-1 为起始值，如图 3.15 所示。

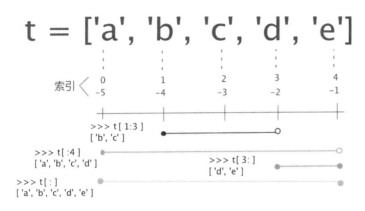

图 3.15　列表索引值示例

列表被截取后返回一个包含所需元素的新列表。列表截取的语法格式如下：

变量名[起始元素索引值:结束元素索引值+1]

其中，省略起始元素索引值表示从列表第一个元素开始截取，省略结束元素索引值表示截取到最后一个元素，如果同时省略，只保留冒号，表示截取所有元素。

列表的使用示例如下：

```
>>> L = [123, 'abcde', 1.23, 'NI']          # 定义一个列表，并赋给变量 L
>>>L                                        # 输出完整列表
[123, 'abcde', 1.23, 'NI']
>>> L[0]                                     # 输出列表第一个元素
123
>>> L[0:3]                                   # 输出列表第一个到第三个元素
[123, 'abcde', 1.23]
>>> L[2:]                                    # 输出列表第三个到最后一个元素
[1.23, 'NI']
>>> L + [4, 5, 'A', 'B']                     # 通过加号+连接列表
[123, 'abcde', 1.23, 'NI', 4, 5, 'A', 'B']
>>>L*2                                       # 通过乘号*复制列表
[123, 'abcde', 1.23, 'NI', 123, 'abcde', 1.23, 'NI']
>>>L[0] = 456                                # 将第一个元素替换为 456
>>>L                                         # 输出完整列表
[456, 'abcde', 1.23, 'NI']
```

4. 字典

与列表类似，字典也是对象的集合，但是字典是通过键而不是相对位置来存储对象的，字典适用于需要将键与一系列值相关联的情况，例如，为了表述某物的某属性。

字典用大括号标识，包含一系列的"键：值"对，字典定义格式如下：

{键 1: 值 1, 键 2: 值 2, 键 3: 值 3, …}

示例如下：

{'size': 'fat', 'color': 'gray', 'age': 5}

在这个例子中，我们定义了一个字典，这个字典的键包括'size'（身形大小），'color'（颜色），和'age'（年龄）（也许是一只猫的属性？）。对应于这些键的值分别为'fat'（胖），'gray'（灰色）和 5。

字典使用示例如下：

```
>>> myCat = {'size': 'fat', 'color': 'gray', 'age': 5}    # 定义了一个字典，并赋值给 myCat 变量
>>> myCat['size']                                          # 通过键'size'访问对应的值
'fat'
>>>'My cat has ' + myCat['color'] + ' fur. '              # 通过键'color'访问对应的值；字符串用加号+连接
'My cat has gray fur'                                      # 我的猫是灰色的
>>> myCat['weight'] = 2.4                                  # 给字典增加一个键'weight'(重量)，并赋值为2.4
>>> myCat                                                  # 输出变量 myCat
{'size': 'fat', 'color': 'gray', 'age': 5, 'weight': 2.4} # 可以看到字典中增加了一个键：值对'weight':2.4
>>> myCat['color']='white'                                # 改变键'color'所对应的值，改为'white'(白色)
>>> myCat                                                  # 输出变量 myCat
{'size': 'fat', 'color': 'white', 'age': 5, 'weight': 2.4}# 可以看到字典中键'color'所对应的值已经改变
```

5. 元组

元组与列表类似，不同之处在于元组的元素不能修改，元组基本上相当于一个不可以改变的列表。从功能上来讲，元组用来表示确定元素的集合。

元组写在小括号里，元素之间用逗号隔开，元组定义格式如下：

(元素 1，元素 2，元素 3，…)

示例如下：

('abcd', 786, 2.23)

元组与列表一样可以被索引，索引值从前面开始以 0 为起始值，从后面开始以-1 为起始值。元组也可以被截取。元组的使用示例如下：

```
>>> T = (1, 2, 3, 4)              # 定义了一个元组（1, 2, 3, 4），并赋给变量 T
>>> T[0]                          # 输出元组第一个元素
1
>>> T[1:4]                        # 输出元组第二到第四个元素
(2, 3, 4)
>>> T[2:]                         # 输出元组从第三个元素开始的所有元素
(3, 4)
>>> T * 3                         # 将元组复制三次
(1, 2, 3, 4, 1, 2, 3, 4, 1, 2, 3, 4)
>>> T + (5, 6)                    # 连接元组
(1, 2, 3, 4, 5, 6)
>>> T[0] = 10                     # 修改元组元素的操作是非法的，会提示 TypeError 错误
Traceback (most recent call last):
  File "<pyshell#41>", line 1, in <module>
    T[0]=10
TypeError: 'tuple' object does not support item assignment
```

6. 集合

集合是由一个或数个形态各异的大小整体组成的，构成集合的事物或对象称作元素或成员。集合的定义可以使用大括号或者 set()函数，注意：创建一个空集合必须用 set()而不是{ }，因为{ }被用来创建一个空字典。集合定义格式如下：

```
格式一：{集合元素 1, 集合元素 2, 集合元素 3...}
格式二：set(集合元素 1, 集合元素 2, 集合元素 3...)
```

示例如下：

```
示例一：{'Tom', 'Jim', 'Mary', 'Jack', 'Rose'}
示例二：set('Tom', 'Jim', 'Mary', 'Jack', 'Rose')
```

集合的基本功能是进行成员关系测试和删除重复元素，使用示例如下：

```
>>> student={'Tom', 'Jim', 'Mary', 'Jack', 'Rose', 'Mary'}  # 定义了一个集合，并赋给变量 student
>>> student                          # 输出 student
{'Tom', 'Rose', 'Jim', 'Jack', 'Mary'}    # 重复的元素'Mary'被自动删除掉
>>> 'Rose' in student                # 测试'Rose'是否是集合元素
True                                 # 输出 True（真），意味着'Rose'在集合中
>>> 'Tim' in student                 # 测试'Tim'是否是集合元素
False                                # 输出 False（假），意味着'Tim'不在集合中
```

3.3.3 流程控制

在程序语言中，流程是指计算机执行代码的顺序，对计算机代码执行顺序的控制，就是流程控制。流程控制一共分为三类，分别是顺序结构、分支结构和循环结构。

（1）顺序结构就是代码自上而下执行的结构，这是默认的流程。

（2）分支结构是指依据一定的条件选择代码执行顺序，条件选择主要由条件语句来实现。

（3）循环结构是指包含了循环语句的流程。

本节首先介绍流程控制的基础知识，然后重点介绍分支结构和循环结构。

1. 流程控制基础

（1）布尔值。

布尔值一般用于流程控制，它只有两个值：True（真）和 False（假）。当作为代码键入时，布尔值 True 和 False 不需要加引号，并且始终以大写字母（T 或 F）开头，其余部分都是小写字母，示例如下：

```
>>> var = True           # 定义变量 var，赋值为布尔值 True
>>> var                  # 输出变量 var 的值
True
```

（2）比较运算符。

比较运算符比较两个值，最终得到一个布尔值。表 3.16 列出了比较运算符。

表 3.16　比较运算符

运算符	含　义
==	等于
!=	不等于
<	小于
>	大于
<=	小于等于
>=	大于等于

比较运算符示例如下：

```
>>> 42 == 42             # 42 等于 42，返回 True
True
>>> 42 == 99             # 42 等于 99，返回 False
```

```
False
>>> 2 < 3                                    # 2 小于 3，返回 True
True
>>> 2 >= 3                                   # 2 大于等于 3，返回 False
False
'hello' == 'hello'                           # 'hello'字符串等于'hello'字符串，返回 True
True
>>> 'hello' != 'Hello'                       # 'hello'字符串不等于'Hello'字符串，返回 True
True
```

2. 分支结构

分支结构是依据一定的条件选择执行程序执行顺序，而不是严格按照语句出现的物理顺序。条件语句的执行过程如图 3.16 所示。

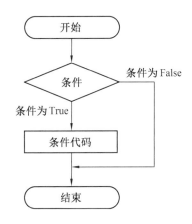

图 3.16　条件语句的执行过程示例

if 语句是最常用的条件语句，通过条件语句中的布尔值来执行对应语句，代码的执行过程如图 3.17 所示。if 语句可分为 if 语句、if...else 语句、if...elif...else 多分支语句，见表 3.17。

图 3.17　if 语句的代码执行过程示例

表 3.17　if 语句

语句	格式	描述
if 语句	if（条件）： 代码块	如果条件成立，执行代码块中的语句
if...else 语句	if（条件1）： 代码块1 else 代码块2	如果条件1成立，执行代码块1中的语句，否则执行代码块2中的语句
if...elif...else 语句	if（条件1）： 代码块1 elif（条件2）： 代码块2 else： 代码块3	如果条件1成立，则执行代码块1中的语句；如果条件1不满足，则判断条件2是否成立，如果成立则执行代码块2中的语句，如果不成立则执行代码块3中的语句

创建一个程序文件，命名为 condition.py，保存在 E:/codes 文件夹中，具体方法参考 3.2.3 节，在 condition.py 中输入如下代码：

```
# if语句使用实例
a = 10                          # 定义变量a，存储数字10
b = 15                          # 定义变量b，存储数字15
if (a>b):
    print('a 大于 b')
elif (b>a):
    print('a 小于 b')
else:
    print('a 等于 b')
```

注：编写代码时需注意冒号和缩进。

点击菜单栏的"Run"→"Run Module"，或者按 F5 键执行以上程序，输出结果如图 3.18 所示。

```
===================== RESTART: E:/codes/condition.py =====================
a小于b
>>> |
```

图 3.18　if 语句输出结果

3. 循环结构

循环结构是指满足条件的情况下反复执行同一块代码，不用每次都编写重复代码。常用的循环语句有 while 和 for。

（1）while 语句。

while 语句的一般形式为：

```
while 判断条件：
    代码块
```

while 语句的执行流程图如图 3.19 所示，while 语句每次先判断条件，当条件为真时，执行缩进代码块中的语句；条件为假时，停止执行缩进代码块中的语句。

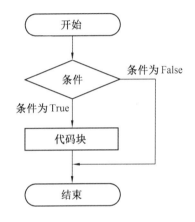

图 3.19　while 语句执行流程图

以下示例使用了 while 语句来输出数字 1～5。创建一个程序文件，命名为 whileEx.py，保存在 E:/codes 文件夹中，在 whileEx.py 中输入如下代码：

```
# 这是一个 while 语句示例
i = 1                        # 定义了变量 i，赋值为 1
while i <= 5:                # 循环条件为 i<=5，如果条件为真（True），执行嵌套代码块中的语句
    print(i, end=' ')        # 在屏幕上输出变量 i 的值
    i = i + 1                # 给 i 的值+1
```

上面这段代码中调用了 print 函数，默认情况下，该函数在打印输出字符串时会自动在字符串末尾添加一个换行符，如果希望每次打印输出不换行，可以添加 end 关键字，并给 end 赋值为一个空格' '，这样 print 函数会在字符串末尾添加一个空格。读者可以试一下这两种 print 函数调用方式。点击"Run Module"执行以上程序，输出结果如图 3.20 所示。

```
===================== RESTART: E:/codes/whileEx.py =====================
1 2 3 4 5
>>>
```

图 3.20　while 语句输出结果

（2）for 语句。

for 循环可以执行指定次数，只要条件为真，就会重复执行嵌套代码块中的语句，条件为假则跳出循环，for 循环的一般格式如下：

> for 变量 in 序列:
>
> 　　代码块

for 语句的执行流程图如图 3.21 所示，判断变量是否在序列中，如果在，执行缩进代码块中的语句；如果不在，则停止执行缩进代码块中的语句。

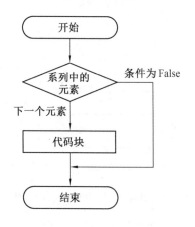

图 3.21　for 语句执行流程图

以下示例使用了 for 语句来输出数字 1～5。创建一个程序文件，命名为 forEx.py，保存在 E:/codes 文件夹中，在 forEx.py 中输入如下代码：

```
# 这是一个 for 语句示例
for i in range(1, 6):
    print(i, end = ' ')
```

上面这段代码中使用了内置的 range()函数,这个函数可以用来生成数列,比如 range(5)可以用来生成 0, 1, 2, 3, 4 数列, range(1, 6)可以生成 1, 2, 3, 4, 5 数列。点击"Run Module"执行以上程序，输出结果如图 3.22 所示。

80

```
=========================== RESTART: E:/codes/forEx.py ===========================
1 2 3 4 5
>>>
```

图 3.22 for 语句运行结果

for 适用于遍历任何序列中的元素,比如字符串、列表、字典等,示例如下:

```
# 字符串遍历
str = 'happy new year'
for x in str:
    print(x, end='')
# 列表遍历
li = ['bread','cake','milk','apple']
for x in li:
    print(x, end=' ')
# 字典遍历
d = {'a':1,'b':2,'c':3}
for key in d:
    print(key, '=>',d[key])
```

3.3.4 函数基础

1. 函数的概念

函数是组织好的、可重复使用的、用来实现单一或相关联功能的代码段。函数能提高应用的模块性和代码的重复利用率。我们已经使用过 Python 的内置函数,比如 print(),range()。我们也可以自己创建函数,称为用户自定义函数。

2. 函数的定义语法

用户自定义函数的主要规则包括:

(1)函数代码块以 def 关键词开头,后接函数标识符名称和小括号。

(2)任何传入参数和自变量必须放在小括号中间,小括号之间可以用于定义参数。

(3)函数内容以冒号起始,并且缩进。

(4)return [表达式] 结束函数,返回一个值给调用方。

用户自定义函数的一般格式如下:

```
def 函数名(参数列表):
    函数体
```

3. 函数定义示例

让我们定义一个简单的函数，创建一个程序文件，在该文件中输入如下代码，并将其另存为 helloFunc1.py。

```
def hello():
    print('Hello World!')
    print('Hello Python!!')


hello()
hello()
```

第一行是 def 语句，它定义了一个名为 hello()的函数。def 语句之后的代码块中的代码是函数的主体。该代码在调用函数时执行，而不是在首次定义函数时执行。

一个空行之后的 hello()是函数调用，函数调用的格式是函数的名称，后跟小括号，小括号中可以带有参数。当程序执行到这些调用时，它将跳到 hello()函数的第一行并从那里开始执行代码，当执行到 hello()函数末尾时，程序返回到调用函数的那一行，继续往下执行代码。

由于该程序调用了 hello()函数两次，因此 hello()函数中的代码将执行两次。运行该程序时，输出如下所示：

```
Hello World!
Hello Python!!
Hello World!
Hello Python!!
```

4. 带参数的函数

调用 print()或 range()函数时，可以通过在括号之间键入参数。我们还可以自己定义带参数的函数。创建一个程序文件，输入如下代码，并将其另存为 helloFunc2.py：

```
def hello(name):
    print('Hello ' + name)


hello('Tom')
hello('Jerry')
```

在该程序中，hello()函数的定义中包括了一个名为 name 的形式参数。第一次调用 hello()函数时带有一个实际参数——字符串'Tom'。程序进入函数开始执行，形式参数 name 被自动设置为'Tom'，并被 print()语句打印输出。运行该程序时，输出如下所示：

```
Hello Tom
Hello Jerry
```

5. 函数的返回值

return 语句用于退出函数，当表达式与 return 语句一起使用时，返回值就是该表达式的计算结果。不带表达式的 return 语句返回 None。

以下示例演示了 return 语句的用法，创建一个空白程序文件，输入如下代码，并将其另存为 Func3.py：

```
def sum(arg1, arg2):
    return arg1 + arg2


total = sum(10,20)
print("Sum is", total)
```

在该程序中，sum()函数的定义中包括了两个形式参数，arg1 和 arg2。sum()函数的功能是求 arg1 和 arg2 的和，并将和返回。调用 sum()函数时，带有两个实际参数 10 和 20。程序进入函数开始执行，形式参数 arg1 被自动设置为 10，形式参数 arg2 被自动设置为 20，函数计算得到的和为 30，并将和返回到调用函数的地方，存入 total 变量。运行该程序时，输出如下所示：

```
Sum is 30
```

6. 标准库函数

所有的 Python 程序都可以调用一组基本的内置函数，包括之前使用过的 print()、range() 等函数。Python 还附带了一组称为标准库的模块。每个模块都是一个 Python 程序，其中包含可以嵌入到其他程序中的一组函数。例如，math 模块包含了与数学相关的函数，random 模块包含了与随机数相关的函数，依此类推。

在使用模块中的函数之前，必须使用 import 语句或者 from...import 来导入相应的模块。将整个模块导入的格式为：

```
import 模块名
```

从某个模块中导入某个函数的格式为：

```
from 模块名 import 函数名
```

下面以 random 模块为例，说明标准库函数的使用方法。创建一个程序文件，输入如下代码，并将其另存为 printRandom.py：

```
import random
for i in range(5):
    print(random.randint(1, 10), end=' ')
```

在这个程序中，random.randint()函数的功能是返回一个在两个整数之间的随机整数，例如，random.randint(1, 10)返回一个在 1～10 之间的随机整数。由于 randint()位于 random 模块中，因此首先通过 import 语句导入 random 模块，然后在调用函数时在名称前加上模块名称，以告诉程序在 random 模块内部查找该函数。这个程序的功能是打印 5 个在 1～10 之间的随机数，运行该程序每次会得到不一样的输出，例如：

```
8 9 1 6 7
```

3.3.5 异常处理

1. 异常

程序在运行的时候有可能发生错误，在程序运行期检测到的错误被称为异常。大多数的异常都不会被程序处理，都以错误信息的形式展现在交互式命令行中，例如：

```
>>> 5/0                                              # 0 不能作为除数，触发异常
Traceback (most recent call last):
  File "<pyshell#0>", line 1, in <module>
    5/0
ZeroDivisionError: division by zero                  # ZeroDivisionError（除 0 异常）
>>> a + 5                                             # 变量 a 未被定义，触发异常
Traceback (most recent call last):
  File "<pyshell#1>", line 1, in <module>
    a + 5
NameError: name 'a' is not defined                   # 异常类型：NameError（命名异常）
```

2. 异常抛出

Python 使用 raise 语句抛出一个指定的异常。raise 语句的语法格式如下：

```
raise [Exception [, args [, traceback]]]
```

在以下示例中，如果 x 的值大于 5，就会抛出一个异常。创建一个程序文件，输入如下代码，并将其另存为 exception.py：

```
x = 10
if x > 5:
    raise Exception('x 不能大于 5。x 的值为: {}'.format(x))
```

程序运行结果为：

```
Traceback (most recent call last):
  File "E:/codes/exception.py", line 3, in <module>
    raise Exception('x 不能大于 5。x 的值为: {}'.format(x))
Exception: x 不能大于 5。x 的值为: 10
```

3. 异常处理

异常捕捉可以使用 try/except 语句，try/except 语句的执行流程如图 3.23 所示。

图 3.23　try/except 语句的执行流程

try 语句按照如下方式工作：

（1）首先，执行 try 子句（在关键字 try 和关键字 except 之间的语句）。

（2）如果没有异常发生，忽略 except 子句，try 子句执行后结束。

（3）如果在执行 try 子句的过程中发生了异常，那么 try 子句余下的部分将被忽略。如果异常的类型和 except 之后的名称相符，那么对应的 except 子句将被执行。

（4）如果一个异常没有与任何 except 匹配，那么这个异常将会传递给上层的 try 中。

以下程序的功能是绘制一个长方形，长方形的宽度和高度作为函数的参数传入程序。创建一个程序文件，输入如下代码，并将其另存为 exception2.py：

```
def boxPrint(width, height):
    if width <= 2:                              # 如果传入的宽度小于等于 2，抛出异常
```

85

```
        raise Exception('长方形宽度应当大于 2.')
    if height <= 2:                          # 如果传入的高度小于等于2，抛出异常
        raise Exception('长方形高度应当大于 2.')
    print('*' * width)                       # 绘制长方形图案第一行
    for i in range(height - 2):              # 绘制长方形图案中间几行
        print('*' + (' ' * (width - 2)) + '*')
    print('*' * width)                       # 绘制长方形图案最后一行
try:
    boxPrint(4, 3)                           # 函数正常执行，绘制一个3*4的长方形
    boxPrint(1, 5)                           # 宽度为1，小于2，触发异常
except Exception as err:
    print('发生异常: ' + str(err))           # 异常处理，打印异常信息
```

程序运行结果如图 3.24 所示。

```
****
*  *
****
发生异常：长方形宽度应当大于2.
```

图 3.24　异常处理程序运行结果

3.3.6　面向对象

1. 面向对象编程

面向对象编程允许我们创建对象，以对象的形式将数据的定义和对数据的操作绑定在一起。面向对象的程序设计允许程序以更模块化的方式被编写，使得程序更易于编写和理解，并且还能提高代码的复用性。

面向对象编程主要通过类来实现，类提供了一种组合数据和功能的方法。创建一个新类意味着创建一个新类型的对象，从而允许创建一个该类型的新实例。每个类的实例可以拥有保存自己状态的属性。一个类的实例也可以有改变自己状态的（定义在类中的）方法。

2. 类定义

类定义的语法格式如下：

```
class 类名:
    语句 1
    .
    .
    .
    语句 N
```

3. 类对象

类对象支持两种操作：属性引用和实例化。

（1）属性引用。

属性引用的标准语法为 obj.name。有效的属性名称是类对象被创建时存在于类中的所有名称。因此，如果类定义是这样的：

```
class MyClass:
    i = 12345
    def f(self):
        return 'hello world'
```

那么 MyClass.i 和 MyClass.f 就是有效的属性引用，将分别返回一个整数和一个函数对象。类属性也可以被赋值，因此可以通过赋值来更改 MyClass.i 的值。

（2）实例化。

类的实例化使用函数表示法。可以把类对象视为是返回该类的一个新实例的不带参数的函数。举例来说（假设使用上述的类）：

```
x = MyClass()
```

创建了类的新实例，并将此对象分配给变量 x。

以下程序是类对象实例化的一个示例，创建一个程序文件，输入如下代码，并将其另存为 class1.py：

```
class MyClass:                               # 类定义
    i = 12345
    def f(self):
        return 'hello world'


x = MyClass()                                # 类对象实例化


print("MyClass 类的属性 i 为：", x.i)         # 访问类的属性 i
print("MyClass 类的方法 f 输出为：", x.f())    # 调用类的方法 f
```

执行以上程序输出结果为：

```
MyClass 类的属性 i 为：  12345
MyClass 类的方法 f 输出为：  hello world
```

类有一个名为 __init__()的特殊方法（构造方法），注意 init 的前后都是两个连续的下画线，该方法在类实例化时会自动调用，__init__()方法可以有参数，参数通过 __init__()传递到类的实例化操作上。例如下面这个例子定义了一个复数类型，创建一个程序文件，输入如下代码，并将其另存为 class2.py：

```
class Complex:                              # 定义了一个复数类
    def __init__(self, realpart, imagpart):  # 定义了类的构造方法
        self.r = realpart
        self.i = imagpart
x = Complex(3.0, -4.5)                       # 类的实例化
print(x.r, x.i)                              # 访问类对象的属性 r 和 i
```

程序运行结果为：

```
3.0  -4.5
```

4. 类的方法

在类的内部，使用 def 关键字来定义一个方法，与一般函数定义不同，类方法必须包含参数 self，且为第一个参数，self 代表的是类的实例。

以下程序展示了如何定义类的方法，创建一个程序文件，输入如下代码，并将其另存为 class3.py：

```
class Student:                               # 类定义
    def __init__(self,n,a):                  # 定义构造方法
        self.name = n
        self.age = a
    def speak(self):                         # 定义类的方法 speak()
        print('%s 说:我今年%d 岁。' %(self.name,self.age))

p = Student('小红',10)                        # 实例化类
p.speak()                                    # 调用类的方法
```

程序运行结果为：

```
小红说：我今年 10 岁。
```

3.4 编程调试

我们在进行 Python 程序开发时，除了使用内置的标准模块以及我们自定义的模块之外，还有丰富的第三方模块可以使用。在这个项目中，我们将使用第三方模块 PyAudio 编写一个能够播放音频文件的程序。

3.4.1　项目创建

由于该项目需要使用第三方模块 PyAudio，因此我们首先需要安装 PyAudio 模块，模块下载地址为 https://www.lfd.uci.edu/~gohlke/pythonlibs/#pyaudio，下载安装的步骤见表 3.18。

表 3.18　下载安装 PyAudio 模块的步骤

序号	图片示例	操作步骤
1	PyAudio: bindings for the PortAudio library. 　Includes ASIO, DS, WMME, WASAPI, WDMKS support. PyAudio-0.2.11-cp38-cp38-win_amd64.whl PyAudio-0.2.11-cp38-cp38-win32.whl PyAudio-0.2.11-cp37-cp37m-win_amd64.whl PyAudio-0.2.11-cp37-cp37m-win32.whl PyAudio-0.2.11-cp36-cp36m-win_amd64.whl PyAudio-0.2.11-cp36-cp36m-win32.whl PyAudio-0.2.11-cp35-cp35m-win_amd64.whl PyAudio-0.2.11-cp35-cp35m-win32.whl PyAudio-0.2.11-cp34-cp34m-win_amd64.whl PyAudio-0.2.11-cp34-cp34m-win32.whl PyAudio-0.2.11-cp27-cp27m-win_amd64.whl PyAudio-0.2.11-cp27-cp27m-win32.whl	在网站上下载合适版本的 PyAudio 模块文件，这里 cp38 表示 Python 3.8 版本，win32 是指 Windows 32 位操作系统（64 位操作系统也适用）
2	此电脑　本地磁盘 (E:)　名称／类型　$RECYCLE.BIN　文件夹　codes　文件夹　PyAudio-0.2.11-cp38-cp38-win32.whl　WHL 文件	将下载文件保存到 E 盘根目录
3	运行　Windows 将根据你所输入的名称，为你打开相应的程序、文件夹、文档或 Internet 资源。　打开(O)：cmd　确定　取消　浏览(B)...	同时按住键盘上的 win 按钮 "" 和 "r"，输入 "cmd"，点击【确定】，启动 Windows 命令行

89

续表 3.18

序号	图片示例	操作步骤
4	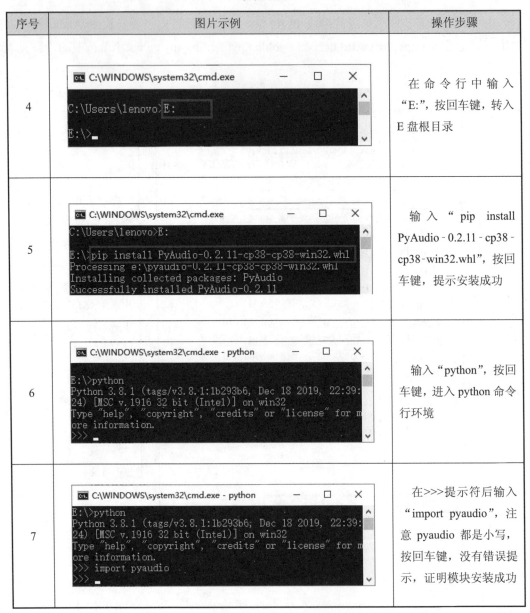	在命令行中输入"E:",按回车键,转入E盘根目录
5		输入"pip install PyAudio‐0.2.11‐cp38‐cp38‐win32.whl",按回车键,提示安装成功
6		输入"python",按回车键,进入python命令行环境
7		在>>>提示符后输入"import pyaudio",注意pyaudio都是小写,按回车键,没有错误提示,证明模块安装成功

3.4.2 程序编写

1. 创建程序文件

模块下载安装完成后,我们可以开始创建项目程序文件,创建项目程序文件的步骤见表 3.19。

表 3.19　创建程序文件的步骤

序号	图片示例	操作步骤
1		点击桌面 win 按钮 "■", 在弹出的应用程序列表中找到 Python 程序文件夹, 点击 IDLE (Python 3.8 32-bit), 运行 Python 交互式命令行
2		点击 "File"（文件）→ "New File"（新建文件）, 创建一个空白程序文件

2. 程序编写

程序编写如下。

```python
import pyaudio
import wave
def play(file):
    CHUNK = 1024
    wf = wave.open(file, 'rb')
    p = pyaudio.PyAudio()
    stream = p.open(format=p.get_format_from_width(wf.getsampwidth()),
                    channels=wf.getnchannels(),
                    rate=wf.getframerate(),
                    output=True)
    data = wf.readframes(CHUNK)
    while len(data) > 0:
        stream.write(data)
        data = wf.readframes(CHUNK)
    stream.stop_stream()
    stream.close()
    p.terminate()
play('E://codes//16k.wav')
```

3.4.3 项目调试

项目程序调试的具体步骤见表3.20。

表 3.20 项目程序调试的步骤

序号	图片示例	操作步骤
1		程序编写完成后，点击"File"（文件）→"Save As…"（另存为）保存文件
2		在弹出的窗口中输入文件名"ch03.py"，选择文件保存路径 E:\codes，点击【保存】
3		下载测试音频文件：speech-doc.gz.bcebos.com/rest-api-asr/public_audio/16k.wav，将文件保存至 E:\codes 文件夹
4		打开系统命令行，在系统命令行输入"python E:\codes\ch03.py"，按下回车键，可听到电脑播放语音"北京科技馆"

第二部分 项目应用

第 4 章 基于语音识别的智能听写项目

4.1 项目目的

4.1.1 项目背景

语音识别技术就是让机器通过识别和理解过程把语音信号转变为相应的文本或命令的技术。通俗的说，语音识别是指让机器能够"听懂"人类语言，相当于给机器安装上"耳朵"，使机器具备"听"的功能。语音识别是一门涉及面很广的交叉学科，它与声学、语音学、语言学、信息理论、模式识别理论以及神经生物学等学科都有非常密切的关系。

* 智能听写项目目的

目前语音识别的技术成熟度较高，主要应用场景为近距离使用（近场语音识别），如输入法、车载语音、智能家居、教育测评等。随着背景噪音问题的逐步解决，语音识别技术未来将广泛应用于工业、家电、通信、汽车电子、医疗、家庭服务、消费电子产品等各个领域。图 4.1 为智能手机中两个典型的语音识别应用场景：手机语音助手和聊天语音转文字。

94

（a）语音助手　　　　　　　　　（b）聊天语音转文字

图 4.1　智能手机语音识别应用场景

4.1.2　项目需求

请设计实现一个语音识别系统，实现以下功能：用户说一段话（不超过 60 s），系统对这段话进行录音，并将语音识别为文字，输出给用户。本项目的具体需求如图 4.2 所示。

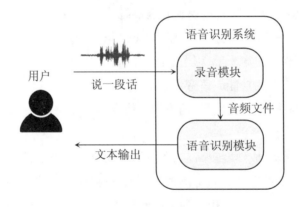

图 4.2　项目需求图示

4.1.3　项目目的

（1）掌握语音识别的基本概念和基本流程。

（2）掌握通过编程实现音频设备控制的方法。

（3）掌握使用音频处理工具实现音频文件格式转换的方法。

（4）掌握使用讯飞开放平台语音识别服务接口的方法。

4.2　项目分析

4.2.1　项目构架

　　本项目为基于语音识别的智能听写项目，需要通过录音模块和语音识别模块来实现将输入语音转换为对应文本的功能，两个模块的程序流程图如图 4.3 所示。

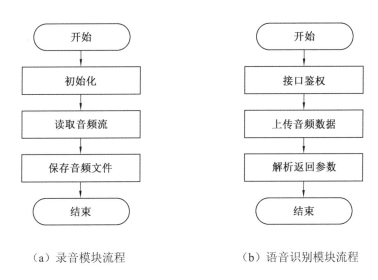

　　（a）录音模块流程　　　　　　　　（b）语音识别模块流程

图 4.3　各模块程序流程图

4.2.2　项目流程

　　本项目实施流程如图 4.4 所示。

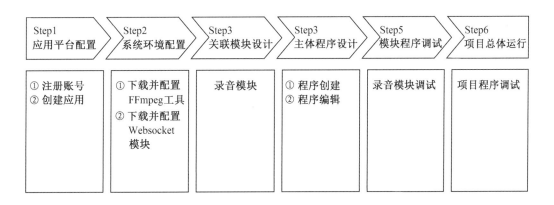

图 4.4　项目流程图

4.3 项目要点

4.3.1 语音识别基础

语音识别是指让机器听懂人说的话，即在各种情况下，准确地识别出语音的内容，从而根据其信息，执行人的各种意图。

※ 智能听写项目要点

1. 语音的概念

声音是一种波，自然界中包含各种各样的声音，如风声、雷声、雨声等。语音是声音的一种，它是由人的发音器官发出的、具有一定语法和意义的声音。音素是语音的最小、最基本的组成单位。

2. 语音识别

语音识别的输入实际上就是一段随时间变化的信号序列，而输出是一段文本序列。语音识别流程通常包括三个步骤，分别为信号处理和特征提取、声学模型处理、语言模型处理，如图 4.5 所示。

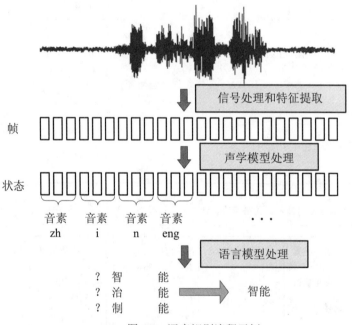

图 4.5　语音识别流程示例

（1）信号处理和特征提取。

信号处理和特征提取模块首先对输入信号进行数字化采样（如图 4.6 所示），采样率 16 k 表示每 1 s 采样 16 000 次，然后对信号进行分帧，最后将信号从时域转化到频域，提取出特征向量。在经过特征提取之后，每一帧都可以表示为一个多维特征向量。

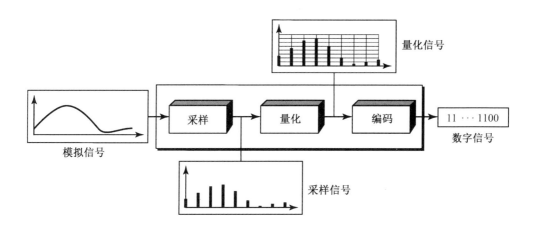

图 4.6　语音信号数字化过程

（2）声学模型处理。

如图 4.5 所示，声学模型处理步骤首先将每一个语音帧识别为一个状态，再将状态组合成音素，音素一般就是我们熟悉的声母和韵母，而状态则是比音素更细致的语音单位，一个音素通常由三个状态组成。这一处理步骤利用了语言的声学特性，因而这一步骤称为声学模型处理。

（3）语言模型处理。

从音素到文字的过程需要用到语言表达的特点，这样才能从同音字中挑选出正确的文字，组成意义明确的语句，这一步骤称为语言模型处理。语言模型本质上是在回答一个问题：出现的语句是否合理。例如根据声音的特性识别出来一个词 "zhi neng"， 如图 4.5 所示，那么根据语言模型，这个词更有可能是 "智能" 而不是 "制能"，因为前者在汉语中经常出现而且有明确的意义。

4.3.2　Websocket 接口

本项目使用了讯飞开放平台的在线语音识别服务，通过语音听写 WebAPI 接口来进行服务调用。开发者通过开发接口可以将语音听写服务方便地嵌入到所开发的各类产品和服务中，如智能客服、智能家居设备、智能手机应用等。

WebAPI 是通过 Websocket API 的方式给开发者提供一个通用的接口。通过 WebAPI 接口接入语音识别服务，只需要系统具备网络连接即可，不需要下载配置 SDK，较容易使用。

客户端通过 Websocket 协议向服务端发送请求的流程如下：

（1）客户端向服务器端发送 Websocket 协议握手请求。

（2）握手成功后，客户端通过 Websocket 连接同时上传和接收数据。

（3）客户端在数据接收完成后断开连接。

示例代码如下：

```
import websocket                                        # 导入 websocket 模块
import _thread as thread                                # 导入多线程模块_thread
import time                                             # 导入时间模块 time

def on_message(ws, message):                            # 收到 websocket 消息的处理
    print(message)                                      # 打印收到的消息

def on_error(ws, error):                                # 收到 websocket 错误的处理
    print(error)                                        # 打印错误提示消息

def on_close(ws):                                       # 收到 websocket 关闭的处理
    print("### closed ###")                             # 打印关闭消息

def on_open(ws):                                        # 收到 websocket 连接建立的处理
    def run(*args):                                     # 建立连接后执行的函数
        for i in range(3):                              # i 从 0 到 2 依次累加
            time.sleep(1)                               # 延迟 1 s
            ws.send("Hello %d" % i)                     # 发送数据"Hello i"给服务器
        time.sleep(1)                                   # 延迟 1 s
        ws.close()                                      # 关闭 websocket 连接
        print("thread terminating...")                 # 打印"终止线程"
    thread.start_new_thread(run, ())                    # 开启一个线程，执行 run()函数

if __name__ == "__main__":                              # 程序调试入口
    websocket.enableTrace(False)                        # 关闭跟踪功能
    ws = websocket.WebSocketApp("ws://echo.websocket.org/",  # 创建 WebSocketApp 实例
                        on_message = on_message,        # 注册回调函数 on_message
                        on_error = on_error,            # 注册回调函数 on_error
                        on_close = on_close)            # 注册回调函数 on_close
    ws.on_open = on_open                                # 注册 on_open 函数
    ws.run_forever()                                    # 启动 websocket 应用
```

该实例代码保存在 E:\codes\websocketExample.py 文件中。

if __name__ == "__main__"语句以下为程序调试入口；websocket.enableTrace()为关闭 websocket 的跟踪功能，隐藏请求和响应的头部信息；websocket.WebSocketApp()创建了一个 Websocket 连接，其中包含 4 个参数：

98

（1）请求地址（url，Uniform Resource Locator，统一资源定位符），是指服务端的请求地址。

（2）回调函数 on_message()，用于收到消息的处理；回调函数可以简单理解成满足一定条件时才会执行的函数。

（3）回调函数 on_error()，用于收到 Websocket 错误的处理。

（4）回调函数 on_close()，用于收到 Websocket 连接关闭的处理。

ws.run_forever() 用 于 启 动 Websocket 应 用 ， 应 用 启 动 后 会 向 服 务 端 ws://echo.websocket.org/发起连接请求。

当客户端收到服务端发回的 Websocket 连接建立的消息后，执行 on_open()函数。由于数据的上传通常比较费时，on_open()函数开启了一个新的线程（定义在 run()函数内）来执行数据上传的操作，数据上传过程如下：上传"Hello 0"字符串，隔 1 s 后上传"Hello 1"字符串，隔 1 s 后上传"Hello 2"字符串。上传完成后关闭 Websocket 连接，终止线程。

该服务端提供的服务为将客户端上传的数据直接返回给客户端，当客户端收到服务端返回的消息时执行 on_message()函数，该函数通过 print(message)语句将收到的消息打印出来，因此，执行 on_message()函数后会在屏幕上打印"Hello 0""Hello 1""Hello 2"。

当 Websocket 连接关闭后，执行 on_close()函数，打印"### closed ###"。

程序的执行结果如图 4.7 所示。

```
==================== RESTART: E:\codes\websocketExample.py
Hello 0
Hello 1
Hello 2
### closed ###thread terminating...
```

图 4.7　websocket 示例程序运行结果

4.3.3　JSON 字符串基础

语音听写 WebAPI 接口的上传数据和返回参数统一采用 JSON 格式。JSON(JavaScript Object Notation) 是一种轻量级的数据交换格式，易于人阅读和编写，同时也易于机器解析和生成，常用于服务器和 Web 应用程序之间传输和接收数据。

JSON 字符串和 Python 中的字典数据结构看起来十分相似，JSON 对象是一个"名称/值"对集合。一个对象以左大括号开始，右大括号结束。每个名称后跟一个冒号：，"名称/值"对之间使用逗号分隔，例如：

```json
{
  "name": "John Doe",
  "age": 18,
  "address": {
    "country" : "China",
    "zip-code": "10000"
  }
}
```

JSON 使用结构化方法来标记数据，下面这个例子展示了如何用 JSON 表示中国部分省市的数据：

```json
{
  "name": "中国",
  "province": [{
    "name": "黑龙江",
    "cities": {
        "city": ["哈尔滨", "大庆"]
    }
  }, {
    "name": "广东",
    "cities": {
        "city": ["广州", "深圳", "珠海"]
    }
  }, {
    "name": "江苏",
    "cities": {
        "city": ["南京", "扬州"]
    }
  }]
}
```

1. 在 Python 中解析 JSON 字符串

使用 JSON 模块中的 json.load()方法可以解析包含 JSON 对象的 JSON 字符串和文件，示例代码如下：

```
import json                                    # 导入 JSON 模块
                                               # 在 Python 中定义一个 JSON 字符串
web_json = '{"platform": "windows", "languages": "Python", "url": "www.xfyun.cn/"}'
web_dict = json.loads(web_json)                # 将 JSON 字符串转换为字典
print(web_dict)                                # 打印输出字典内容
print(web_dict['languages'])                   # 打印字典中'languages'对应的值
```

这里，web_json 存储的是 JSON 字符串，在大括号的两端各有一个单引号，web_dict 存储的是 Python 字典数据类型。程序执行结果如下：

```
{'platform': 'windows', 'languages': 'Python', 'url': 'www.xfyun.cn/'}
Python
```

再来看一个例子，我们将上面提到的中国部分省市的数据保存在 JSON 字符串 jsonString 中，注意这里的 JSON 字符串与上面的字符串完全相同，只是没有用分行缩进的形式来表示。

```
import json                                    # 导入 JSON 模块
jsonString ='{"name": "中国","province": [{"name": "黑龙江","cities": {"city": ["哈尔滨", "大庆"]}},\
{"name": "广东","cities": {"city": ["广州", "深圳", "珠海"]}}, {"name": "江苏","cities": {"city": ["南京\
","扬州"]}}]}'
                                               # 定义 JSON 字符串
Dic = json.loads(jsonString)                   # 将 JSON 字符串转换为字典
print(Dic['name'])                             # 中国
print(Dic['province'][0]['name'])              # 黑龙江
print(Dic['province'][0]['cities']['city'][0]) # 哈尔滨
print(Dic['province'][2]['name'])              # 江苏
print(Dic['province'][2]['cities']['city'][0]) # 南京
```

程序执行结果如下：

```
中国
黑龙江
哈尔滨
江苏
南京
```

2. 将 Python 数据结构转换为 JSON 字符串

使用 JSON 模块中的 json.dumps()方法可以将 Python 数据结构转换为 JSON 字符串，示例代码如下：

```
import json
# 定义一个字典
web_dict = {"platform": "windows", "languages": "Python", "url": "www.xfyun.cn/"}
web_json = json.dumps(web_dict)                    # 将字典转换为 JSON 字符串
print(web_json)                                    # 打印转换后的 JSON 字符串
```

程序执行结果如下：

```
{"platform": "windows", "languages": "Python", "url": "www.xfyun.cn/"}
```

102

4.3.4 语音识别服务接口

1. 接口说明

在本项目中，我们将通过语音听写 WebAPI 接口调用语音识别服务，语音听写 WebAPI 接口，可用于 1 min 内的即时语音转文字技术，支持实时返回识别结果，达到一边上传音频一边获得识别文本的效果。

2. 示例程序

语音听写 WebAPI 接口示例程序可在语音听写（流式版）WebAPI 文档 https://www.xfyun.cn/doc/asr/voicedictation/API.html 的调用示例中下载，如图 4.8 所示。

图 4.8 语音听写 WebAPI 接口示例程序下载

3. 接口要求

使用语音听写 WebAPI 时，需按照表 4.1 所述要求进行。用户将待识别的音频数据上传到请求地址，请求地址将识别结果返回给用户，平台对于上传的音频属性、音频格式和音频长度也做了一些限制性的规定。

表 4.1 语音听写流式 API 接口要求

内容	说明
请求协议	wss
请求地址	wss: //iat-api.xfyun.cn/v2/iat（针对中英文语音识别）
请求行	GET/v2/iat HTTP/1.1
字符编码	UTF-8
响应格式	JSON 格式
音频属性	采样率 16 k 或 8 k、位长 16 bit、单声道
音频格式	pcm，speex（8 k），speex-wb（16 k），mp3（仅中文普通话和英文支持）
音频长度	最长 60 s
语言种类	中文、英文、小语种以及中文方言，可在控制台-语音听写（流式版）-方言/语种处添加试用或购买

4. 接口调用流程

用户使用语音听写流式 API 接口的流程如下：

➤ 接口鉴权。客户端向服务端发送 Websocket 协议请求，服务端根据鉴权参数来校验请求的合法性。

➤ 数据上传。服务端鉴权成功后，客户端通过 Websocket 连接上传数据，并接收服务端返回的参数。

➤ 结果解析。客户端数据接收完毕后，断开 Websocket 连接，并对返回参数进行解析。

（1）接口鉴权。

在客户端和服务端的握手阶段，服务端需要校验请求的合法性，这一过程称为鉴权。客户端将鉴权相关参数加在请求主机地址的后面，一同发送给服务端，服务端通过校验鉴权参数来实现鉴权。完整的请求地址由三个部分组成，分别为请求主机地址 Host、当前时间戳 Date，以及授权信息 Authorization，见表 4.2。

表 4.2 鉴权参数

参数	类型	必须	说明
host	string	是	请求主机地址，如 iat-api.xfyun.cn
date	string	是	当前时间戳，RFC1123 格式，如 Wed, 10 Jul 2019 07:35:43 GMT
authorization	string	是	使用 base64 编码的授权信息

授权信息（Authorization）的生成步骤如下：

①获取接口密钥 APIKey 和 APISecret。在讯飞开放平台控制台，创建 WebAPI 平台应用并添加语音听写（流式版）服务后即可查看，均为 32 位字符串。

②生成签名（Signature）。签名的原始字段由请求主机地址（Host）、当前时间戳（Date）、请求行（Request-line）三个参数按照格式拼接成，例如：

```
host: iat-api.xfyun.cn
date: Wed, 10 Jul 2019 07:35:43 GMT
GET  /v2/iat HTTP/1.1
```

③签名加密。使用 hmac-sha256 加密算法结合 APISecret 对签名进行加密，获得签名的摘要，并对签名摘要进行 base64 编码。

④生成授权信息。授权信息包含控制台获取的 APIKey、加密算法名、参与签名的参数，以及加密后的签名摘要。

生成授权信息的具体代码如下：

```
class Ws_Param(object):
  # 初始化
  def __init__(self, APPID, APIKey, APISecret, AudioFile):
    self.APPID = APPID                                      # APPID 参数
    self.APIKey = APIKey                                    # APIKey 参数
    self.APISecret = APISecret                              # APISecret 参数
    self.AudioFile = AudioFile                              # 输入音频文件路径参数
    self.CommonArgs = {"app_id": self.APPID}                # 公共参数
    self.BusinessArgs = {"domain": "iat", "language": "zh_cn", "accent":
    "mandarin", "vinfo":1,"vad_eos":10000}                  # 业务参数(business)
    # 生成 url
  def create_url(self):
    url = 'wss://ws-api.xfyun.cn/v2/iat'                    # 请求主机地址
    # 生成 RFC1123 格式的时间戳
    now = datetime.now()                                    # 获取当前时间
    date = format_date_time(mktime(now.timetuple()))        # 生成 RFC1123 格式的时间戳
                                                            # 生成签名
    signature_origin = "host: " + "ws-api.xfyun.cn" + "\n"
    signature_origin += "date: " + date + "\n"
    signature_origin += "GET " + "/v2/iat " + "HTTP/1.1"
    # 签名加密
    signature_sha = hmac.new(self.APISecret.encode('utf-8'),
```

```
signature_origin.encode('utf-8'), digestmod=hashlib.sha256).digest()
signature_sha = base64.b64encode(signature_sha).decode(encoding='utf-8')
# 生成授权信息
authorization_origin = "api_key=\"%s\", algorithm=\"%s\", headers=\"%s\", \
signature=\"%s\"" % (self.APIKey, "hmac-sha256",\
                        "host date request-line", signature_sha)
authorization = base64.b64encode(authorization_origin.encode('utf-8')).\
decode(encoding='utf-8')
# 生成完整的请求地址
v = {
    "authorization": authorization,                    # 鉴权信息
    "date": date,                                      # 时间戳
    "host": "ws-api.xfyun.cn"                          # 请求主机地址
}
url = url + '?' + urlencode(v)
return url
```

注意：python 中较长的语句如果一行写不完可以用 "\" 来连接多行语句。

根据 create_url() 生成的请求地址，如果握手成功，会返回 HTTP 101 状态码，表示协议升级成功；如果握手失败，则根据不同错误类型返回不同 HTTP Code 状态码，同时携带错误描述信息，详细错误说明见表 4.3。

表 4.3　鉴权结果错误码

HTTP Code	说明	错误描述信息	解决方法
401	缺少 authorization 请求参数	{"message":"Unauthorized"}	检查是否有 authorization 参数
401	时钟偏移校验失败	{"message":"HMAC signature cannot be verified, a valid date or x-date header is required for HMAC Authentication"}	检查服务器时间是否标准，相差 5 min 以上会报此错误
401	签名参数解析失败	{"message":"HMAC signature cannot be verified"}	检查签名的各个参数是否有缺失是否正确
403	签名校验失败	{"message":"HMAC signature does not match"}	检查签名计算方式是否符合要求

（2）数据上传。

握手成功后，客户端和服务端会建立 Websocket 连接，客户端通过 Websocket 连接可以同时上传和接收数据。当服务端有识别结果时，会通过 Websocket 连接推送识别结果到客户端。发送数据时，如果间隔时间太短，可能会导致服务端识别有误。建议每次发

送音频间隔 40 ms，每次发送音频字节数为一帧音频大小的整数倍。

客户端上传的数据主要包括三个部分，分别为：公共参数（Common），业务参数（Business），以及业务数据流参数（Data）。其中，公共参数和业务参数仅在握手成功后首帧请求时上传，业务数据流参数在握手成功后的所有请求中都需要上传。

公共参数包含了在平台申请的 APPID 信息，对应参数名为 app_id。业务参数包含了语音识别服务的参数设置，具体见表 4.4。

表 4.4　业务参数

参数名	类型	必传	描述	示例
language	string	是	语种。zh_cn：中文（支持简单的英文识别）；en_us：英文；ja_jp：日语；ko_kr：韩语；ru-ru：俄语；fr_fr：法语；es_es：西班牙语；th_TH：泰语；vi_VN：越南语；de_DE：德语；ar_il：阿拉伯语；bg_bg：保加利亚语	"zh_cn"
domain	string	是	应用领域。iat：日常用语；medical：医疗	"iat"
accent	string	是	方言，当前仅在 language 为中文时，支持方言选择。mandarin：中文普通话；其他语种	"mandarin"
vad_eos	int	否	用于设置端点检测的静默时间，单位是毫秒，默认 2 000。即静默多长时间后引擎认为音频结束	3000
dwa	string	否	（仅中文普通话支持）动态修正。wpgs：开启流式结果返回功能	"wpgs"
pd	string	否	（仅中文支持）领域个性化参数。game：游戏；health：健康；shopping：购物；trip：旅行	"game"
ptt	int	否	（仅中文支持）是否开启标点符号添加。1：开启（默认值）；0：关闭	0
rlang	string	否	（仅中文支持）字体。zh-cn：简体中文（默认值）；zh-hk：繁体香港	"zh-cn"
vinfo	int	否	返回子句结果对应的起始和结束的端点帧偏移值。端点帧偏移值表示从音频开头起已过去的帧长度。0：关闭（默认值）；1：开启	1
nunum	int	否	（中英日支持）将返回结果的数字格式规则为阿拉伯数字格式，默认开启。0：关闭；1：开启	0
speex_size	int	否	speex 音频帧长，仅在 speex 音频时使用。当 speex 编码为标准开源 speex 编码时必须指定。当 speex 编码为讯飞定制 speex 编码时不要设置	70
nbest	int	否	取值范围[1,5]，通过设置此参数，获取在发音相似时的句子多候选结果。设置多候选会影响性能，响应时间延迟 200 ms 左右	3
wbest	int	否	取值范围[1,5]，通过设置此参数，获取在发音相似时的词语多候选结果。设置多候选会影响性能，响应时间延迟 200 ms 左右	5

业务数据流参数包含了上传音频的内容、状态、采样率、格式等信息，具体见表 4.5。

表 4.5　业务数据流参数

参数名	类型	必传	描述
status	int	是	音频的状态。0：第一帧音频；1：中间的音频；2：最后一帧音频，最后一帧必须要发送
format	string	是	音频的采样率支持 16 k 和 8 k。16 k 音频：audio/L16；rate=16 000；8 k 音频：audio/L16；rate=8 000
encoding	string	是	音频数据格式。raw：原生音频（支持单声道的 pcm）；speex：speex 压缩后的音频（8 k）；speex-wb：speex 压缩后的音频（16 k）
audio	string	是	音频内容，采用 base64 编码

客户端上传的数据示例如下：

```
{
  "common":{
    // 公共请求参数
    "app_id":"123456"
  },
  "business":{
    "language":"zh_cn",
    "domain":"iat",
    "accent":"mandarin"
  },
  "data":{
    "status":0,
    "format":"audio/L16;rate=16000",
    "encoding":"raw",
    "audio":"exSI6ICJlbiIsCgkgICAgInBvc2l0aW9uIjogImZhbHNlIigoJf..."
  }
}
```

当所有音频数据上传完成后，客户端需要向服务端上传结束标识，示例如下：

```
{
  "data":{
    "status":2
  }
}
```

107

客户端上传数据的具体代码如下：

```
def on_open(ws):
  def run(*args):
    frameSize = 8000                                      # 每一帧的音频大小，单位为字节 Byte
    interval = 0.04                                        # 发送音频间隔(单位:s)
    status = STATUS_FIRST_FRAME                            # 音频的状态码

    with open(wsParam.AudioFile, "rb") as fp:             # 打开输入音频文件
      while True:
        buf = fp.read(frameSize)                           # 读取一帧数据
        if not buf:                                        # 如果文件读取结束
          status = STATUS_LAST_FRAME                       # 将状态码置为最后一帧
        if status == STATUS_FIRST_FRAME:                   # 第一帧处理
          # 生成待上传的数据，包括公共参数、业务参数和业务数据流
          d = {"common": wsParam.CommonArgs,     # 公共参数
               "business": wsParam.BusinessArgs,           # 业务参数
               "data": {"status": 0, "format": "audio/L16;rate=16000",   # 业务数据流
                     "audio": str(base64.b64encode(buf), 'utf-8'),
                     "encoding": "raw"}}
          d = json.dumps(d)                                # 将数据转换成 JSON 字符串
          ws.send(d)                                       # 上传数据
          status = STATUS_CONTINUE_FRAME                   # 将状态码置为中间帧
        elif status == STATUS_CONTINUE_FRAME:   # 中间帧处理
          # 生成待上传的数据
          d = {"data": {"status": 1, "format": "audio/L16;rate=16000",   # 业务数据流
                     "audio": str(base64.b64encode(buf), 'utf-8'),
                     "encoding": "raw"}}
          ws.send(json.dumps(d))                           # 上传数据
        elif status == STATUS_LAST_FRAME:                  # 最后一帧处理
                                                           # 生成待上传的数据
          d = {"data": {"status": 2, "format": "audio/L16;rate=16000",   # 业务数据流
                     "audio": str(base64.b64encode(buf), 'utf-8'),
                     "encoding": "raw"}}
          ws.send(json.dumps(d))                           # 上传数据
          time.sleep(1)                                    # 延迟 1 s
          break                                            # 跳出循环
        time.sleep(interval)                               # 模拟音频采样间隔
      ws.close()                                           # 关闭 websocket 连接

  thread.start_new_thread(run, ())                         # 开启一个新线程，执行 run 函数
```

on_open()函数中定义 run()函数具体实现音频数据的上传，上传时以帧为单位，每帧包含 8 000 字节数据，上传完一帧后间隔 0.04 s 后再上传下一帧。上传数据的流程如下：

①开启一个新的线程来执行数据上传的操作（定义在 run()函数内）。

②打开输入音频文件，每次从音频文件中读取一帧的数据。

③根据状态码进行判断，如果上传的是第一帧数据，那么上传公共参数、业务参数，以及业务数据流，业务数据流中的音频状态码为 STATUS_FIRST_FRAME。

④如果上传的是中间帧数据，上传业务数据流，音频状态码 status 为 STATUS_CONTINUE_FRAME。

⑤如果上传的是最后一帧数据，上传业务数据流，音频状态码 status 为 STATUS_LAST_FRAME，表示数据上传结束。

⑥上传结束，关闭 websocket 连接，结束线程。

（3）结果解析。

当服务端生成语音识别结果时，会通过 Websocket 连接将识别结果以返回参数的形式返回到客户端。服务端返回的主要参数见表 4.6。

表 4.6　主要返回参数

参数	类型	描述
sid	string	本次会话的 id，只在握手成功后第一帧请求时返回
code	int	返回码，0 表示成功，其他表示异常
message	string	错误描述
data	object	听写结果信息
data.status	int	识别结果是否结束标识：0：识别的第一块结果；1：识别中间结果；2：识别最后一块结果
data.result	object	听写识别结果
data.result.sn	int	返回结果的序号
data.result.ls	bool	是否是最后一片结果
data.result.ws	array	听写结果
data.result.ws.bg	int	起始的端点帧偏移值，单位：帧（1 帧=10 ms）
data.result.ws.cw	array	中文分词
data.result.ws.cw.w	string	字词

获得返回参数后，客户端需要对返回参数进行解析，提取从语音中识别出的文本信息，具体代码如下：

```
def on_message(ws, message):
    try:
        code = json.loads(message)["code"]                      # 读取返回码
        sid = json.loads(message)["sid"]                        # 读取本次会话的 id
        if code != 0:                                           # 返回码不为 0, 表示异常
            errMsg = json.loads(message)["message"]             # 解析错误信息 JSON 字符串
            print("sid:%s call error:%s code is:%s" % (sid, errMsg, code)) # 打印错误信息
        else:                                                   # 返回码为 0, 表示成功
            data = json.loads(message)["data"]["result"]["ws"]  # 将返回参数转换为字典格式
            result = ""                                         # 存储识别结果文本
            for i in data:                                      # 遍历字典中的元素
                for w in i["cw"]:                               # 提取结果中的中文分词
                    result += w["w"]                            # 提取结果中的字词, 拼接成文本
            print("sid:%s call success!,data is:%s" % \
                (sid, json.dumps(data, ensure_ascii=False)))    # 打印听写结果
    except Exception as e:                                      # 异常处理
        print("receive msg,but parse exception:", e)
```

on_message()函数处理流程如下:

①从返回参数中读取返回码。

②如果返回码不为 0, 表示有错误发生, 那么读取错误描述, 打印错误信息。

③如果返回码为 0, 表示识别成功, 那么从返回的参数中提取识别结果。

④提取识别结果中的字词, 拼接成文本, 打印识别文本。

4.4 项目步骤

4.4.1 应用平台配置

本项目基于讯飞开放平台的语音识别服务, 因此首先需要在平台上进行应用配置, 具体步骤包括注册账号和创建应用。

※ 智能听写项目步骤

1. 注册账号

在讯飞开放平台上注册开发者账号的步骤见表 4.7。

110

表 4.7　讯飞平台开发者账号注册步骤

序号	图片示例	操作步骤
1		打开讯飞开放平台 https://www.xfyun.cn/，点击页面右上角"注册"按钮，在弹出的窗口完成账号注册相应步骤
2		注册完成后，登录平台

2. 创建应用

注册开发者账号后，我们可以创建第一个应用，开始使用服务，步骤见表 4.8。

表 4.8　讯飞平台应用创建步骤

序号	图片示例	操作步骤
1		登录平台，点击右上角控制台按钮"控制台"，进入创建应用引导页，应用名称填写"基于语音识别的智能听写"，应用分类及功能描述自由填写，填写完成后点击【提交】按钮，应用创建完毕

续表 **4.8**

序号	图片示例	操作步骤
2	讯飞开放平台 OPEN PLATFORM ⌂平台首页 ⚙ 我的应用　创建新应用 基 基于语音识别的智能听写　5df04b3b　学习	点击"基于语音识别的智能听写"
3	基于语音识别的…　实时用量 🎙 语音识别 ① 语音听写（流式版）②　今日实时服务量 0 语音转写	在左侧的服务列表，点击"语音识别"，然后点击"语音听写（流式版）"
4	服务接口认证信息 APPID APISecret APIKey *SDK调用方式只需APPID。APIKey或APISecret适用于WebAPI调用方式。	找到页面右上角的服务接口认证信息，将信息复制到剪贴板
5	＞ 此电脑 ＞ 本地磁盘 (E:) ＞ codes 名称 __pycache__ xunfei 语音识别appid.txt	在 E:\codes 文件夹新建一个文本文档"语音识别 appid.txt"，将刚才复制的 APPID、APISecret、APIKey 信息存储在文本文档中

4.4.2　系统环境配置

系统环境配置包括下载并配置第三方工具和模块。

1. 下载并配置 FFmpeg 工具

本项目中的格式转换模块需要用到 FFmpeg 工具，因此需要提前下载并配置 FFmpeg，打开网址 https://ffmpeg.zeranoe.com/builds/下载 FFmpeg，具体步骤见表 4.9。

表 4.9　下载配置 FFmpeg 工具的步骤

序号	图片示例	操作步骤
1	Version ① 20200101-7b58702 / 4.2.1　② Architecture Windows 64-bit / Windows 32-bit / macOS 64-bit　③ Linking Static / Shared / Dev　④ Download Build	打开网页，点击【4.2.1】，点击【Windows 64-bit】，点击【Static】，点击【Download Build】下载工具包
2	此电脑 › 本地磁盘 (E:) ›　名称　类型　ffmpeg-4.2.1-win64-static　文件夹　images　文件夹　MailMasterData　文件夹	将工具包解压缩至 E 盘根目录
3	此电脑 › 本地磁盘 (E:) › ffmpeg-4.2.1-win64-static › bin　名称　修改日期　ffmpeg.exe　2019/9/15 22:32　ffplay.exe　2019/9/15 22:32　ffprobe.exe　2019/9/15 22:32	找到 bin 目录，对应路径是 E:\ffmpeg-4.2.1-win64-static\bin
4	系统　← → ∨ ↑ › 控制面板 › 所有控制面板项 › 系统　控制面板主页　查看有关计算机的基本信息　设备管理器　Windows 版本　远程设置　Windows 10 专业版　系统保护　© 2018 Microsoft Corporation.　高级系统设置	打开文件浏览器，在地址栏输入"控制面板\所有控制面板项\系统"，按回车键，打开系统设置页面，点击"高级系统设置"

续表 **4.9**

序号	图片示例	操作步骤
5	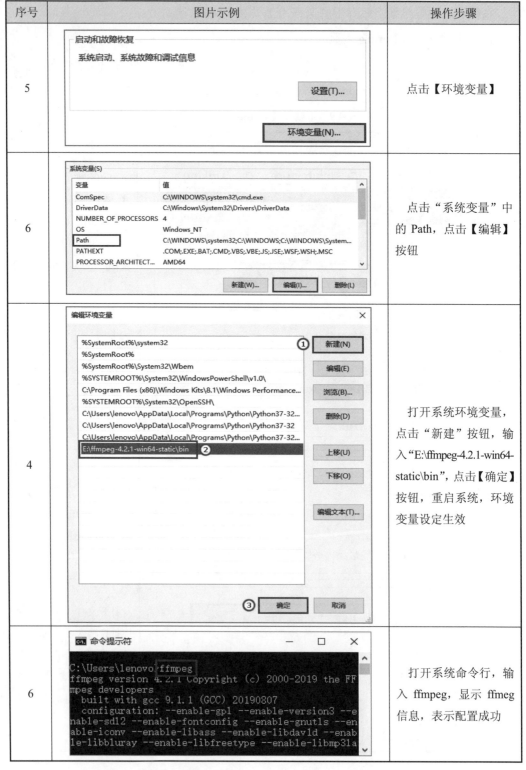	点击【环境变量】
6		点击"系统变量"中的 Path，点击【编辑】按钮
4		打开系统环境变量，点击"新建"按钮，输入"E:\ffmpeg-4.2.1-win64-static\bin"，点击【确定】按钮，重启系统，环境变量设定生效
6		打开系统命令行，输入 ffmpeg，显示 ffmeg 信息，表示配置成功

2. 下载并安装 websocket 模块

本项目中的语音识别模块使用了讯飞开放平台的 WebAPI 接口，因此需要下载并安装 websocket 模块，具体步骤见表 4.10。

表 4.10　websocket 模块下载安装步骤

序号	图片示例	操作步骤
1	![命令提示符 窗口，输入 pip install websocket-client，显示 Requirement already satisfied: websocket-client in c:\users\lenovo\appdata\local\programs\python\python38-32\lib\site-packages (0.57.0)，Requirement already satisfied: six in c:\users\lenovo\appdata\local\programs\python\python38-32\lib\site-packages (from websocket-client) (1.13.0)]	打开系统命令行，输入 pip install websocket-client，按回车键
2	![命令提示符 - python 窗口，输入 python，显示 Python 3.8.1 (tags/v3.8.1:1b293b6, Dec 18 2019, 22:39:24) [MSC v.1916 32 bit (Intel)] on win32，Type "help", "copyright", "credits" or "license" for more information.]	输入 python，进入 python 命令行环境
3	![命令提示符 - python 窗口，输入 import websocket]	输入 import websocket，按回车键，没有错误提示，证明模块安装成功

4.4.3　关联模块设计

本项目的关联模块为录音模块，具体功能为：开启电脑麦克风录一段音频，录音文件保存成.wav 格式的音频文件，再将.wav 格式音频文件转换成语音识别服务能够识别的.pcm 格式音频文件。

1. 程序创建

录音模块需要用到第三方模块 PyAudio，安装方法见 3.4.1 节。模块安装完成后，我们可以开始创建项目程序文件，创建项目程序文件的步骤见表 4.11。

表 4.11　创建程序文件的步骤

序号	图片示例	操作步骤
1	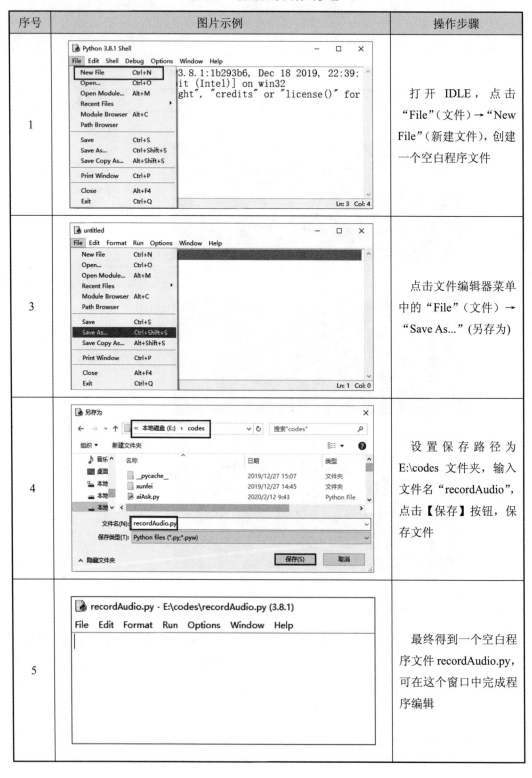	打开 IDLE，点击"File"（文件）→"New File"（新建文件），创建一个空白程序文件
3		点击文件编辑器菜单中的"File"（文件）→"Save As..."（另存为）
4		设置保存路径为 E:\codes 文件夹，输入文件名"recordAudio"，点击【保存】按钮，保存文件
5		最终得到一个空白程序文件 recordAudio.py，可在这个窗口中完成程序编辑

2. 程序编辑

录音模块程序编辑包含两个步骤，分别为读取音频流和音频文件格式转换。在 recordAudio.py 文件中编写代码如下。

STEP1：读取音频流

录音模块程序编写的第一步为初始化，包括导入模块以及参数初始化，具体代码如下：

```python
import pyaudio                                      # 导入 pyaudio 模块
import wave                                         # 导入 wave 模块
import msvcrt                                       # 导入 msvcrt 模块
import os                                           # 导入 os 模块，包含操作系统功能

def record(outputFile):                             # 定义录音函数
    # 初始化
    CHUNK = 1024                                    # 每一帧的采样数
    FORMAT = pyaudio.paInt16                        # 音频采样格式，16 位整数
    CHANNELS = 1                                    # 声音通道数，1 表示单声道
    RATE = 16000                                    # 采样频率为 16 000 次/s
    RECORD_SECONDS = 60                             # 最长录音时长为 60 s

    p = pyaudio.PyAudio()                           # 实例化 PyAudio 类
    # 打开电脑麦克风音频流
    stream = p.open(format=FORMAT,                  # 格式
                    channels=CHANNELS,             # 通道数
                    rate=RATE,                     # 采样率
                    input=True,                    # 输入模式
                    frames_per_buffer=CHUNK)       # 每一帧采样数

    # 按帧读取音频流数据，将数据存在 frames 中，按任意键结束录音
    frames = []
    for i in range(0, int(RATE / CHUNK * RECORD_SECONDS)): # 循环总次数为帧的总数
        data = stream.read(CHUNK)                   # 读取一帧音频流数据
        frames.append(data)                        # 保存数据
        if msvcrt.kbhit():                         # 监听键盘输入
            if (msvcrt.getch()):                   # 如果检测到键盘按键，跳出循环
                break
    stream.stop_stream()                           # 停止麦克风音频流
```

```
stream.close()                                      # 关闭麦克风音频流
p.terminate()                                       # 终止 PyAudio 模块
                                                    # 保存音频文件
wf = wave.open(outputFile, 'wb')                    # 打开音频文件
wf.setnchannels(CHANNELS)                           # 设置音频声道数参数
wf.setsampwidth(p.get_sample_size(FORMAT))          # 设置音频采样格式参数
wf.setframerate(RATE)                               # 设置音频采样频率参数
wf.writeframes(b".join(frames))                     # 将读取的帧写入音频文件
wf.close()                                          # 关闭文件
```

在读取音频流模块中，首先使用 pyaudio.PyAudio()实例化 PyAudio 类，接下来使用 PyAudio 类对象的 open()方法在音频输入设备（麦克风）上按照给定参数打开音频流。for 循环语句实现了读取音频流数据，每次读入一帧数据。在 60 s 内按任意键可以结束录音，超过 60 s 自动结束录音。录音结束后，停止音频流，终止 PyAudio 模块。

保存音频文件使用了 wave 模块，首先通过 wave.open()方法打开一个给定名称的音频文件，然后设置保存文件的参数，包括声道数、采样格式、采样频率，最后通过 wf.writeframes()方法将读取的音频数据写入音频文件，其中 b".join(frames)表示将 frames 列表的元素连接在一起，成为一个新的字节串。音频文件写入完毕后，使用 wf.close()方法关闭音频文件。

STEP2：音频格式转换

由于讯飞开放平台提供的语音识别服务不能识别.wav 格式音频文件，因此我们需要将.wav 格式音频文件转换为平台能够识别的.pcm 格式的音频文件。格式转换可以通过 FFmpeg 工具来实现，FFmpeg 是一套可以用来记录、转换数字音频、视频，并能将其转化为流的开源计算机工具。通过 FFmpeg 把.wav 格式音频文件转换为.pcm 格式音频文件，具体代码如下：

```
def wav_to_pcm(wavFile):
    temp = wavFile.split(".")                       # 将输入文件路径按照点号分隔
    filename = temp[0]                              # 保留第一个点号.前面的内容
    outputFile = "%s.pcm" % filename                # 给文件名加上.pcm 的后缀
    # 在系统命令行中调用 ffmpeg 程序，将 wav 格式输入文件转换成 pcm 格式输出文件
    os.system("ffmpeg -y  -i %s  -acodec pcm_s16le -f s16le -ac 1 -ar 16000 %s \
            -loglevel quiet"%(wavFile, outputFile))
    return outputFile
```

wav_to_pcm()函数的功能是将输入的.wav 格式音频文件转换成.pcm 格式音频文件，给定待转换的.wav 文件路径，该函数首先通过文件后缀名的替换，生成用于保存转换

后.pcm 文件的路径，然后在系统命令行中调用 ffmpeg 程序将.wav 格式音频文件转换成.pcm 格式音频文件。

4.4.4　主体程序设计

本项目主体程序的核心为语音识别模块，该模块可实现的功能为：向服务端上传音频文件，接收服务端返回的识别结果，从识别结果中解析出上传语音所对应的文本。打开 IDLE，创建空白程序文件，命名为 voiceRecog.py，保存在 E:\codes 文件夹中。

STEP1：程序初始化

```
import websocket                              # 用于访问 WebAPI 接口
import datetime                               # 用于处理日期
import hashlib                                # 用于对鉴权信息进行加密
import base64                                 # 用于对鉴权信息进行编码
import hmac                                   # 用于对鉴权信息进行加密
import json                                   # 用于处理 JSON 字符串
from urllib.parse import urlencode            # 用于请求地址编码
import time                                   # 用于处理时间
import ssl                                    # 用于网站证书验证
from wsgiref.handlers import format_date_time # 导入 format_date_time 函数
from datetime import datetime                 # 导入 datetime 函数
from time import mktime                       # 导入 time 模块中的 mkime 函数
import _thread as thread                      # 导入 _thread，用于处理多线程任务
import recordAudio                            # 导入录音模块


STATUS_FIRST_FRAME = 0                        # 第一帧的标识
STATUS_CONTINUE_FRAME = 1                     # 中间帧标识
STATUS_LAST_FRAME = 2                         # 最后一帧的标识
```

STEP2：鉴权信息生成

Ws_Param 类用来生成上传到语音识别服务平台的鉴权信息。Ws_Param 类包括 __init__()初始化方法和 create_url()鉴权信息生成方法。__init__()初始化方法对服务接口认证信息、公共参数、业务参数进行初始化。create_url()方法通过在请求主机地址后面加上鉴权相关信息来生成最终的请求地址。

```
class Ws_Param(object):
    # 初始化
    def __init__(self, APPID, APIKey, APISecret):        # init 前后为两个连续的下画线
```

```
    self.APPID = APPID                                      # 初始化 APPID 参数
    self.APIKey = APIKey                                    # 初始化 APIKey 参数
    self.APISecret = APISecret                              # 初始化 APISecret 参数
    self.CommonArgs = {"app_id": self.APPID}               # 初始化公共参数
    self.BusinessArgs = {"domain": "iat", "language": "zh_cn", "accent":
    "mandarin", "vinfo":1,"vad_eos":10000}                 # 初始化业务参数

def create_url(self):                                      # 生成 url
    url = 'wss://ws-api.xfyun.cn/v2/iat'                   # 请求主机地址
                                                           # 生成 RFC1123 格式的时间戳

    now = datetime.now()                                   # 获取系统当前时间
    date = format_date_time(mktime(now.timetuple()))       # 生成 RFC1123 格式的时间戳
                                                           # 生成原始签名

    signature_origin = "host: " + "ws-api.xfyun.cn" + "\n"
    signature_origin += "date: " + date + "\n"
    signature_origin += "GET " + "/v2/iat " + "HTTP/1.1"
    # 签名摘要
    signature_sha = hmac.new(self.APISecret.encode('utf-8'),
    signature_origin.encode('utf-8'), digestmod=hashlib.sha256).digest()
                                                           # 签名摘要加密
    signature_sha = base64.b64encode(signature_sha).decode(encoding='utf-8')
                                                           # 生成鉴权信息
    authorization_origin = "api_key=\"%s\", algorithm=\"%s\", headers=\"%s\", \
                        signature=\"%s\"" % (self.APIKey, "hmac-sha256", \
    "host date request-line", signature_sha)
    authorization = base64.b64encode(authorization_origin.encode('utf-8')). \
    decode(encoding='utf-8')                               # 鉴权信息加密
                                                           # 将鉴权信息拼接到请求地址之后
    v = {
      "authorization": authorization,                      # 鉴权信息
      "date": date,                                        # 当前时间
      "host": "ws-api.xfyun.cn"                            # 请求地址
    }
    url = url + '?' + urlencode(v)                          # 完整的请求地址
    return url
```

STEP3：WebAPI 接口交互

　　myClient 类用来处理与语音识别服务平台 WebAPI 接口的交互。myClient 类具体包括 __init__()、on_message()、on_error()、on_close()、on_open()和 voice_recog()方法。__init__()用于对 Websocket 服务进行初始化设置；on_message()用于收到 Websocket 消息的处理；on_error()用于收到 Websocket 错误的处理；on_close()用于收到 Websocket 关闭的处理；on_open()收到 Websocket 连接建立的处理；voice_recog()用于启动 Websocket 服务进行语音识别。myClient 类定义的具体代码如下：

```python
class myClient:
  def __init__(self):                          # init 前后为两个连续的下画线
    """Ws_Param 类实例化，APPID、APIKey 和 APISecret 的信息存储
       在 E:\codes\语音识别 appid.txt 中，请复制填写"""
    self.wsParam = Ws_Param(APPID='XXXXXXX', APIKey='XXXXXXXXXXXXXXXX',
                   APISecret='XXXXXXXXXXXXXXXXXXXXXXXXXX')
    websocket.enableTrace(False)               # 隐藏请求和响应的头部信息
    wsUrl = self.wsParam.create_url()          # 生成完整的请求地址
                                               # WebSocketApp 类实例化
    self.ws = websocket.WebSocketApp(wsUrl,
            on_message = lambda ws,msg: self.on_message(ws, msg),
            on_error   = lambda ws,msg: self.on_error(ws, msg),
            on_close   = lambda ws:     self.on_close(ws),
            on_open    = lambda ws:     self.on_open(ws))
    self.result = ''                           # 初始化识别结果字符串

  def on_message(self, ws, message):           # 收到 websocket 消息的处理
    try:
      code = json.loads(message)["code"]       # 读取返回码
      sid = json.loads(message)["sid"]         # 读取本次会话的 id
      if code != 0:                            # 返回码不为 0，表示异常
        errMsg = json.loads(message)["message"]  # 解析错误信息 JSON 字符串
        print("sid:%s call error:%s code is:%s" % (sid, errMsg, code)) # 打印错误信息
      else:                                    # 返回码为 0，表示成功
        data = json.loads(message)["data"]["result"]["ws"]  # 解析听写结果 JSON 字符串
        result = ""                            # 存储听写结果文字
        for i in data:                         # 遍历结果中的元素
```

```
            for w in i["cw"]:                          # 提取结果中的中文分词
                result += w["w"]                       # 提取结果中的字词，拼接成文本
            self.result += result                      # 把文本保存在 self.result 属性中
        except Exception as e:                          # 异常处理
            print("receive msg,but parse exception:", e)


    def on_error(self, ws, error):                      # 收到 websocket 错误的处理
        print("### error:", error)                      # 打印错误消息


    def on_close(self, ws):                             # 收到 websocket 关闭的处理
        pass                                            # 不执行任何操作


    def on_open(self, ws):                              # 收到 websocket 连接建立的处理
        def run(*args):
            frameSize = 8000                            # 每一帧的音频大小
            interval = 0.04                             # 发送音频间隔(单位:s)
            status = STATUS_FIRST_FRAME                 # 音频的状态信息
            with open(self.filename, "rb") as fp:       # 打开输入音频文件
                while True:
                    buf = fp.read(frameSize)

                                                        # 文件结束
                    if not buf:                         # 如果文件结束
                        status = STATUS_LAST_FRAME      # 将状态码置为最后一帧
                    if status == STATUS_FIRST_FRAME:    # 第一帧处理
                        d = {"common": self.wsParam.CommonArgs,    # 公共参数
                            "business": self.wsParam.BusinessArgs,  # 业务参数
                            "data": {"status": 0, "format": "audio/L16;rate=16000",
                                    "audio": str(base64.b64encode(buf), 'utf-8'),
                                    "encoding": "raw"}}   # 业务数据流参数
                        d = json.dumps(d)                # 将数据转换成 JSON 字符串
                        ws.send(d)                       # 上传数据
                        status = STATUS_CONTINUE_FRAME   # 将状态码置为中间帧
                    elif status == STATUS_CONTINUE_FRAME:  # 中间帧处理
                        d = {"data": {"status": 1, "format": "audio/L16;rate=16000",
                                    "audio": str(base64.b64encode(buf), 'utf-8'),
```

```
                              "encoding": "raw"}}          # 业务数据流参数
          ws.send(json.dumps(d))                           # 将数据转换成 JSON 字符串上传
        elif status == STATUS_LAST_FRAME:                  # 最后一帧处理
          d = {"data": {"status": 2, "format": "audio/L16;rate=16000",
                              "audio": str(base64.b64encode(buf), 'utf-8'),
                              "encoding": "raw"}}          # 业务数据流参数
          ws.send(json.dumps(d))                           # 将数据转换成 JSON 字符串上传
          time.sleep(1)                                    # 延迟 1 s
          break                                            # 跳出循环
        time.sleep(intervel)                               # 延迟 0.04 s 后发送下一帧数据
      ws.close()                                           # 关闭 Websocket 连接
    thread.start_new_thread(run, ())                       # 开启一个新线程，执行 run 函数

  # myClient 类的接口函数，输入为音频文件，返回识别结果字符串
  def voice_recog(self,filename):
    self.filename = filename                               # 初始化输入音频文件路径
    self.ws.run_forever(sslopt={"cert_reqs": ssl.CERT_NONE}) # 发起 websocket 请求
    return self.result                                     # 返回识别结果字符串
```

4.4.5 模块程序调试

打开 E:\codes\recordAudio.py 文件，在文件的最后添加以下代码：

```
if __name__ == '__main__':                                # name，main 前后为两个连续的下画线
  wavFile = 'E:\\audio\\test.wav'                          # 输入保存文件路径
  print("开始录音，请说话，说完后按任意键结束录音...")
  record(wavFile)                                          # 录音，保存文件
  print("文件已保存至%s" %wavFile)                          # 输出提示语句
  outputFile=wav_to_pcm(wavFile)                           # 文件格式转换
  print("文件已转成 pcm 格式，保存至%s" %outputFile)         # 输出提示语句
```

if __name__ == '__main__':的意思是当.py 文件被直接运行时，if __name__ == '__main__':之下的代码块将被运行；当.py 文件以模块形式被导入时，if __name__ == '__main__':之下的代码块不被运行。当我们测试 recordAudio.py 中的代码时，可以把测试程序写在 if __name__ == '__main__'语句之下。'E:\\audio\\test.wav 为要保存的录音文件路径，两个反斜杠\\是为了与转义符\相区分。录音模块程序调试步骤见表 4.12。

表 4.12　录音模块程序调试步骤

序号	图片示例	操作步骤
1	> 此电脑 > 本地磁盘 (E:)　　搜索"本地磁盘 (E:)" 名称　　　　　　　　　　类型 ffmpeg-4.2.1-win64-static　文件夹 codes　　　　　　　　　文件夹 audio　　　　　　　　　文件夹 python-3.8.1.exe　　　　应用程序 PyAudio-0.2.11-cp38-cp38-win32.whl　WHL 文件	在 E 盘根目录新建 audio 文件夹
2	命令提示符　　　　　　　— □ × C:\Users\1enovo>python E:\codes\recordAudio.py	打开系统命令行，输入"python E:\codes\recordAudio.py"，按回车键
3	命令提示符　　　　　　　— □ × C:\Users\1enovo>python E:\codes\recordAudio.py 开始录音，请说话，说完后按任意键结束录音... 文件已保存至E:\audio\test.wav 文件已转成pcm格式，保存至E:\audio\test.pcm	出现开始录音提示，说一段话，按任意键结束录音
4	↑ > 此电脑 > 本地磁盘 (E:) > audio　　∨ ↻ 名称　　　　　#　　　　　标题 ♪ test.wav test.pcm	打开 E:\audio 文件夹，可以看到 test.wav 文件和 test.pcm 文件，双击播放test.wav 文件，听到录音代表调试成功

4.4.6　项目总体运行

打开 E:\codes\voiceRecog.py 文件，在文件的最后添加以下代码：

```
if __name__ == "__main__":
  wavFile = 'E:\\audio\\test.wav'                         # 音频文件保存路径
  print("开始录音，请说话，说完后按任意键结束录音...")      # 录音提示语句
  recordAudio.record(wavFile)                             # 调用 record()函数录制音频
  print("文件已保存至%s" %wavFile)                         # 文件格式转换提示语句
```

outputFile=recordAudio.wav_to_pcm(wavFile)	# 文件格式转换
print("文件已转成 pcm 格式，保存至%s" %outputFile)	# 文件格式转换提示语句
print('开始语音识别...')	# 语音识别提示语句
client=myClient()	# myClient 类实例化
result = client.voice_recog(outputFile)	# 调用 voice_recog()方法识别语音
print("语音识别结果: %s" %result)	# 打印语音识别结果

　　打开系统命令行，输入"python E:\codes\voiceRecog.py"，按回车键，根据录音提示说出"测试一下"，程序运行结果如图 4.9 所示，可以看到最终的语音识别结果。

图 4.9　语音识别模块运行结果

4.5　项目验证

　　运行 E:\codes\voiceRecog.py 程序，打开系统命令行，输入"python E:\codes\voiceRecog.py"，按回车，朗读如下一段文字，验证语音识别的效果：

> 　　工业机器人是在工业生产中使用的机器人的总称，主要用于完成工业生产中的某些作业。工业机器人的种类较多，常用的有搬运机器人、焊接机器人、喷涂机器人、装配机器人和码垛机器人等。

　　程序运行结果如图 4.10 所示，从结果中可以看出，语音中的文字都被正确地识别，但是标点符号并不完全准确。

图 4.10　项目验证结果

4.6 项目总结

4.6.1 项目评价

项目评价表见表 4.13。

表 4.13 项目评价表

项目指标		分值	自评	互评	评分说明
项目分析	1. 项目架构分析	5			
	2. 项目流程分析	5			
项目要点	1. 语音识别基础	5			
	2. 语音识别	5			
	3. JSON 字符串基础	5			
	4. 语音识别服务接口	5			
项目步骤	1. 应用平台配置	10			
	2. 系统环境配置	10			
	3. 关联模块设计	10			
	4. 主体程序设计	10			
	5. 模块程序调试	10			
	6. 项目总体运行	10			
项目验证	验证结果	10			
合计		100			

4.6.2 项目拓展

（1）讯飞开放平台提供了智能语音转写服务，可将长段音频（5 h 以内）数据转换成文本数据，为信息处理和数据挖掘提供基础。智能语音转写服务可用于会议访谈记录、字幕生成、语音鉴别等。例如将会议和访谈的音频转换成文字存稿，让后期的信息检索和整理更方便快捷；将视频中音频文件进行语音转写，轻松生成与视频相对应的字幕文件。请尝试实现一个智能语音转写应用，自动识别用户上传语音中的文本。

（2）讯飞开放平台提供了实时语音转写服务，可将音频流数据实时转换成文字流数据结果。实时语音转写服务可用于直播字幕、视频会议、客服中心等，例如在电视直播或现场直播过程中提供实时字幕，提升直播效果，将视频会议中的发言内容实时识别为文字，防止错过重要会议内容，提高会议效率等。请尝试实现一个实时语音转写应用，实时识别用户上传的语音。

第5章 基于语音交互的同声传译项目

※ 同声传译项目目的

5.1 项目目的

5.1.1 项目背景

机器翻译又称为自动翻译,是利用计算机将一种自然语言(源语言)转换成另外一种自然语言(目标语言)的过程,如图 5.1 所示。机器翻译涉及计算机、认知科学、语言学、信息论等学科,是人工智能的重要课题之一。

图 5.1 机器翻译示例

基于深度神经网络的机器翻译在日常口语等场景成功应用并显现出了巨大的潜力。目前市场上已经出现了多种机器翻译相关的技术应用产品,例如在线翻译服务,以及多语言随身翻译机等。机器翻译产品的应用场景包括口语交流、旅游交际、文档资料翻译、新闻编译、影片字幕、会议同声传译(图 5.2)等。

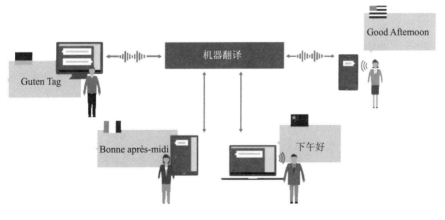

图 5.2 机器翻译应用—— 同声传译

5.1.2 项目需求

请设计实现一个基于语音交互的同声传译系统，实现以下功能：用户说一段话（不超过 60 s），系统将说话的内容识别出来，再将识别出的源语言文本翻译成目标语言文本，并将翻译结果通过语音合成，由计算机播放出来。本项目的具体需求如图 5.3 所示。

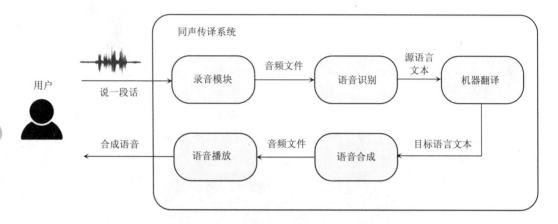

图 5.3 项目需求图示

5.1.3 项目目的

（1）掌握机器翻译的基本原理。

（2）掌握使用讯飞开放平台机器翻译服务接口的方法。

（3）掌握使用讯飞开放平台语音合成服务接口的方法。

5.2 项目分析

5.2.1 项目构架

本项目为基于语音交互的同声传译项目，需要通过录音模块、语音识别模块、翻译模块、语音合成模块，以及语音播放模块来实现将输入语音转换为对应文本的功能。录音模块及语音识别模块的流程如图 4.3 所示，翻译模块、语音合成模块、语音播放模块的程序流程图如图 5.4 所示。

5.2.2 项目流程

本项目实施流程如图 5.5 所示。

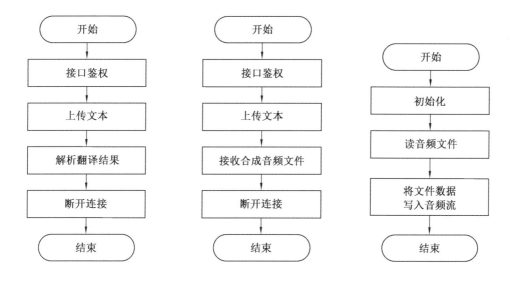

（a）翻译模块流程　　　（b）语音合成模块流程　　　（c）语音播放模块流程

图 5.4　各模块程序流程图

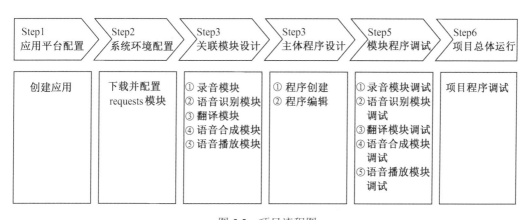

图 5.5　项目流程图

5.3　项目要点

5.3.1　机器翻译基础

1. 机器翻译的概念

⁂　同声传译项目要点

机器翻译就是通过计算机把一种语言翻译成另外一种语言，例如从中文翻译成英文。输入机器翻译系统的句子称为源语言，机器翻译系统输出的句子称为目标语言，机器翻译的任务就是把源语言翻译成目标语言，如图 5.6 所示。

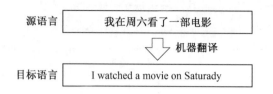

图 5.6　机器翻译示例

机器翻译的基本流程包括三个模块：预处理、核心翻译和后处理，如图 5.7 所示。

图 5.7　机器翻译的基本流程

（1）预处理。

预处理模块是对语言文字进行规整，把过长的句子通过标点符号分成几个短句子，过滤语气词和与意思无关的文字，将数字和表达不规范的地方按照规范进行归整。

（2）核心翻译。

核心翻译模块是将输入的字符单元、序列翻译成目标语言序列的过程。

（3）后处理。

后处理模块是将翻译结果进行大小写的转化，建模单元进行拼接，特殊符号进行处理，使得翻译结果更加符合人们的阅读习惯。

2. 机器翻译的技术发展

机器翻译起源于 1933 年，法国工程师阿尔楚尼提出了机器翻译设想，并获得一项翻译机专利。从机器翻译设想的提出到现在，机器翻译经历了多个不同的发展阶段，也涌现出了多种技术方法，如图 5.8 所示。

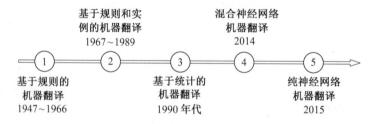

图 5.8　机器翻译技术的发展历史

（1）第一代机器翻译技术。

20 世纪 80 年代，第一代机器翻译技术——基于规则的机器翻译技术开始走向应用。在基于规则的机器翻译技术中，由人类语言学家来制定翻译规则，例如，这一个词翻译成另外一个词，这个成分翻译成另外一个成分，这个成分在句子中的什么位置出现。基于规则的机器翻译技术的缺点是成本高、开发周期长。例如，要开发中文和英文的翻译系统，需要找同时会中文和英文的语言学家，要开发另外一种语言的翻译系统，就要再找懂另外一种语言的语言学家。此外，基于规则的机器翻译技术还面临规则冲突的问题。

（2）第二代机器翻译技术。

20 世纪 90 年代出现了第二代机器翻译技术——基于统计的机器翻译技术，被称为统计机器翻译技术。统计机器翻译技术对机器翻译进行了数学建模，可以在大数据的基础上进行训练。翻译模型建立起两种语言的桥梁，语言模型衡量一个句子在目标语言中是不是流利和地道。两种模型结合起来就组成了一个统计机器翻译的数学模型。

（3）第三代机器翻译技术。

随着深度学习技术的发展，从 2014 年起，第三代机器翻译技术——神经网络机器翻译技术开始兴起。神经网络翻译的基本流程如图 5.9 所示，主要包括两个步骤：一是如何表示输入序列（编码），二是如何获得输出序列（解码）。

①编码。通过分词得到输入源语言句子的词序列，接下来每个词都用一个词向量进行表示，得到相应的词向量序列，然后用前向的神经网络得到它的正向编码表示，再用一个反向的神经网络得到它的反向编码表示，最后将正向和反向的编码表示进行拼接，可将源语言句子用一个向量来表示。

②解码。有了句子的向量表示后，就掌握了整个源语言句子的所有的信息，解码器就开始从左到右一个词一个词地产生目标句子。在产生某个词的时候，考虑了历史状态。第一个词产生以后，再产生第二个词，直到产生句子结束符，这个句子就生成完毕了。

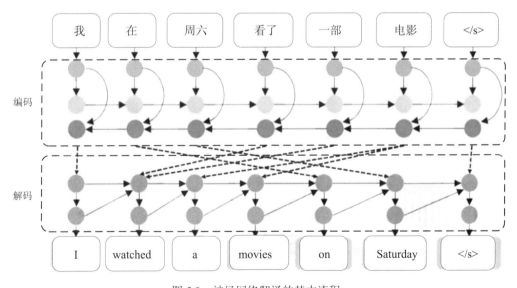

图 5.9　神经网络翻译的基本流程

5.3.2　机器翻译服务接口

1. 接口说明

在本项目中，我们将通过机器翻译 HTTP API 接口调用机器翻译服务，该服务支持英语、日语、法语、西班牙语、俄语等 10 多种语言。通过调用该接口，可将源语种文字转化为目标语种文字。

2. 示例程序

机器翻译 API 接口示例程序可在机器翻译 API 文档 https://www.xfyun.cn/doc/nlp/xftrans/API.html 的调用示例中下载。

3. 接口要求

使用机器翻译 API 时，需按照表 5.1 所述要求进行。用户将待识别的文本数据上传到请求地址，请求地址将翻译结果返回给用户。

表 5.1　机器翻译 API 接口要求

内容	说明
传输方式	http[s]（为提高安全性，强烈推荐 https）
请求地址	http[s]: //itrans.xfyun.cn/v2/its
请求行	POST /v2/its HTTP/1.1
响应格式	统一采用 JSON 格式
文本长度	单次文本长度不得超过 256 字符；一个汉字、英文字母、标点符号等，均计为一个字符

4. 接口调用流程

用户使用机器翻译 API 接口的流程如下：

➤ 接口鉴权。客户端向服务端发送 Http 协议请求，将鉴权参数放在 Http 请求头部（Request Header）中，服务端根据鉴权参数来校验请求的合法性。

➤ 数据上传。客户端将请求参数及待翻译的文本数据放在 Http 请求体（Request Body）中，以 POST 请求的形式向服务端提交要被处理的数据。

➤ 结果解析。客户端接收服务端的返回参数，并从返回参数中解析出翻译结果文本。

（1）接口鉴权。

在客户端和服务端的握手阶段，客户端须对 Http 请求进行签名，服务端通过签名来识别用户并验证其合法性。签名的方法是在 Http 请求头中配置鉴权参数用于授权认证，具体的鉴权参数见表 5.2。

表 5.2　鉴权参数

参数	类型	必须	说明
Host	string	是	请求主机地址（如：itrans.xfyun.cn）
Date	string	是	当前时间戳，RFC1123 格式（如：Wed, 20 Nov 2019 03:14:25 GMT）
Digest	string	是	加密请求体（如 SHA-256=2iwDpX6....）
Authorization	string	是	使用 base64 编码的签名相关信息

其中，授权参数（Authorization）的格式为

authorization: api_key="your_key", algorithm="hmac-sha256", headers="host date request-line digest", signature="$signature"

这里，api_key 是在控制台获取的 APIKey，algorithm 是加密算法（仅支持 hmac-sha256），headers 是参与签名的参数，signature 是使用加密算法对参与签名的参数签名后并使用 base64 编码的字符串。

签名 signature 的生成步骤如下：

①对请求体进行加密计算，把计算结果进行 Base64 编码后的字符串写在"SHA-256="后，即摘要的值。

②构建签名原始字段（signature_origin），原始字段由请求主机地址、当前时间、请求行、摘要四个参数按照格式拼接成。

```
host: itrans.xfyun.cn
date: Wed, 20 Nov 2019 03:14:25 GMT
POST /v2/its HTTP/1.1
digest: SHA-256=2iwDpX6yAoQAeeAhT4yi3Tx9XRaWvAAvn3L8Ip6fdpA=
```

③使用加密算法结合 APISecret 对签名原始字段进行签名，获得签名摘要 signature_sha。

④使用 base64 编码对签名摘要进行编码，获得最终的签名。

生成请求头的具体代码如下：

```
def init_header(self, data):                              # 生成请求头
    digest = self.hashlib_256(data)                       # 对请求体进行加密计算
    # print(digest)
    sign = self.generateSignature(digest)                 # 生成签名 signature
    # 授权参数 authorization
    authHeader = 'api_key="%s", algorithm="%s", ' \       # APIKey，加密算法
```

```
                    'headers="host date request-line digest", ' \      # 参与签名的信息
                    'signature="%s"' \                                  # 签名
                    % (self.APIKey, self.Algorithm, sign)
        #print(authHeader)
        # 生成请求头
        headers = {
            "Content-Type": "application/json",                         # 请求内容格式：JSON 字符串
            "Accept": "application/json",                               # 接收数据格式：JSON 字符串
            "Method": "POST",                                           # 请求方法：POST
            "Host": self.Host,                                          # 请求资源地址
            "Date": self.Date,                                          # 时间戳
            "Digest": digest,                                           # 加密的请求体
            "Authorization": authHeader                                 # 授权参数
        }
        return headers


    def hashlib_256(self, res):
        # 对请求体进行 SHA256 加密计算
        m = hashlib.sha256(bytes(res.encode(encoding='utf-8'))).digest()
        # 把计算结果进行 Base64 编码后的字符串写在"SHA-256="后
        result = "SHA-256=" + base64.b64encode(m).decode(encoding='utf-8')
        return result                                                   # 返回计算结果


    def generateSignature(self, digest):                                # 根据加密的请求体生成签名
        # 构建签名原始字段
        signatureStr = "host: " + self.Host + "\n"
        signatureStr += "date: " + self.Date + "\n"
        signatureStr += self.HttpMethod + " " + self.RequestUri \
                        + " " + self.HttpProto + "\n"
        signatureStr += "digest: " + digest
        # 使用 hmac-sha256 加密算法结合 APISecret 对签名原始字段签名
        signature = hmac.new(bytes(self.Secret.encode(encoding='utf-8')),
                             bytes(signatureStr.encode(encoding='utf-8')),
                             digestmod=hashlib.sha256).digest()
        # 使用 base64 编码对 signature 进行编码,获得最终的签名
        result = base64.b64encode(signature)
        return result.decode(encoding='utf-8')
```

如果鉴权认证成功，会返回 HTTP 200 状态码，表示协议升级成功；如果认证失败，则根据不同错误类型返回不同 HTTP Code 状态码，同时携带错误描述信息，鉴权结果的详细错误说明见表 5.3。

表 5.3　鉴权结果

HTTP Code	说明	错误描述信息
401	缺少 authorization 参数	{"message":"Unauthorized"}
401	时钟偏移校验失败	{"message":"HMAC signature cannot be verified, a valid date or x-date header is required for HMAC Authentication"}
401	签名参数解析失败	{"message":"HMAC signature cannot be verified"}
403	签名校验失败	{"message":"HMAC signature does not match"}

（2）数据上传。

在调用业务接口时，客户端需要在 Http 请求体中配置以下参数，请求数据均为 JSON 字符串。具体请求参数见表 5.4。

表 5.4　请求参数

参数	类型	必须	说　明
common	object	是	用于上传公共参数
common.app_id	string	是	在平台申请的 appid 信息
business	object	是	用于上传业务参数
business.from	string	是	源语种
business.to	string	是	目标语种
data	object	是	用于上传待翻译文本
data.text	bytes	是	文本数据，UTF-8 字符集，base64 编码，要求编码后大小不超过 1 024 bytes（约 256 个汉字）

请求参数示例：

```
{
  "common":{                                    # 公共参数
    "app_id":"xxxxxxxx"                          # appid 信息
  },
  "business":{                                  # 业务参数
    "from":"cn",                                # 源语种：中文
```

```
      "to" :"en"                                            # 目标语种：英文
   },
   "data":{                                                 # 文本数据
     "text":"5LuK5aSp5aSp5rCU5oCO5LmI5qC377yf"             # 待翻译文本，经过 base64 编码
    }
}
```

用来生成请求体的具体代码如下：

```
def get_body(self):                                         # 生成请求体
   # content 为待上传的文本数据，base64 编码
   content = str(base64.b64encode(self.Text.encode('utf-8')), 'utf-8')
   postdata = {                                             # 配置请求参数
     "common": {"app_id": self.APPID},                     # 配置公共参数
     "business": self.BusinessArgs,                         # 配置业务参数
     "data": {                                             # 配置文本数据
       "text": content,
     }
   }
   body = json.dumps(postdata)                              # 将请求参数转为 JSON 字符串
   #print(body)
   return body                                             # 返回请求体
```

生成请求体和请求头之后，可以调用 call_url()向服务器发起 Http POST 请求，具体代码如下：

```
def call_url(self):
   if self.APPID == '' or self.APIKey == '' or self.Secret == '':
     print('Appid 或 APIKey 或 APISecret 为空！请打开 demo 代码，填写相关信息。')
   else:
     code = 0
     body=self.get_body()                                  # 生成请求体
     headers=self.init_header(body)                        # 生成请求头
     # print(self.url)
     # 发起 Http POST 请求，self.url 为请求地址，body 为请求体，headers 为请求头
     response = requests.post(self.url, data=body, headers=headers,timeout=8)
     status_code = response.status_code                    # 返回状态码
```

```
    # print(response.content)
    if status_code!=200:
        # 鉴权失败
        print("Http 请求失败，状态码： " + str(status_code) + "，错误信息： " +
            response.text)
        print("请根据错误信息检查代码，接口文档： \
            https://www.xfyun.cn/doc/nlp/xftrans/API.html")
    else:
        # 鉴权成功
        respData = json.loads(response.text)          # 将返回结果转为 python 数据类型
        print(respData)                               # 打印返回结果
```

137

（3）结果解析。

客户端向服务端发起 Http POST 请求，服务端鉴权成功后，会返回参数给客户端，具体参数见表 5.5。

表 5.5　返回参数

参数名	类型	描　　述
sid	string	本次会话 id
code	int	返回码，0 表示成功，其他表示异常，详情请参考错误码
message	string	描述信息
data	object	翻译结果，若接口报错（code 不为 0），则无该字段

翻译结果在 data 字段的 result 字段中，result 字段具体信息见表 5.6。

表 5.6　翻译结果参数

参数	类型	说明
from	string	源语种
to	string	目标语种
trans_result	object	翻译结果
trans_result.src	string	源文本
trans_result.dst	string	目标文本

返回参数示例如下：

```
{
  "code": 0,
  "message": "success",
  "sid": "its....",
  "data": {
    "result": {
      "from": "cn",                          # 源语种：中文
      "to": "en",                            # 目标语种：英文
      "trans_result": {                      # 翻译结果
        "dst": "Hello  World ",              # 目标语种文本：Hello World
        "src": "你好世界"                      # 源语种文本：你好世界
      }
    }
  }
}
```

从返回参数中解析出结果的示例代码如下：

```
respData = json.loads(response.text)                      # 将返回结果转为 python 数据类型
src = respData["data"]["result"]["trans_result"]["src"]    # 提取输入文本
result = respData["data"]["result"]["trans_result"]["dst"] # 提取翻译结果
print("输入文本:%s" %src)                                   # 打印输入文本
print("翻译结果:%s" %result)                                # 打印输出翻译结果
```

执行结果为：

```
输入文本：你好世界
翻译结果：Hello  World
```

5.3.3　语音合成基础

1. 语音合成的概念

语音合成是通过机械的、电子的方法产生人造语音的技术。文语转换技术（Text To Speech，简称 TTS 技术）隶属于语音合成，它是将计算机自己产生的或外部输入的文字信息转变为可以听得懂的、流利的口语输出的技术。

语音合成技术解决的主要问题就是如何将文字信息转化为可听的声音信息，即让机器像人一样开口说话。这里的"让机器像人一样开口说话"与传统的声音回放设备（系统）有着本质的区别。传统的声音回放设备（系统），如磁带录音机，是通过预先录制声音然后回放来实现"让机器说话"的。这种方式无论是在内容、存储、传输，还是在方便性、及时性等方面都存在很大的限制。而通过计算机语音合成则可以在任何时候将任意文本转换成具有高自然度的语音，从而真正实现让机器"像人一样开口说话"。

2. 语音合成的流程

语音合成的流程主要包括三个步骤，分别为：语言处理、韵律处理及单元拼接，如图 5.10 所示。

（1）语言处理。

语言处理在文语转换系统中起着重要的作用，主要模拟人对自然语言的理解过程——文本规整、词的切分、语法分析和语义分析，使计算机对输入的文本能完全理解，并给出各种发音提示。

（2）韵律处理。

韵律处理为合成语音规划出音段特征，如音高、音长和音强等，使合成语音能正确表达语意，听起来更加自然。

（3）单元拼接。

单元拼接就是把录音的句子切割成基本单元存储起来，再根据需要拼接起来。单元拼接方法主要包括双音节拼接法和单音节拼接法。

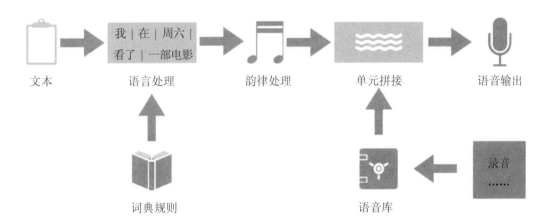

图 5.10　语音合成的基本流程

5.3.4　语音合成服务接口

1. 接口说明

在本项目中，我们将通过语音合成（流式版）WebAPI 接口调用语音合成服务，该服务可将文字信息转化为声音信息，同时提供了众多极具特色的发音人。

2. 示例程序

语音合成 API 接口示例程序可在语音合成（流式版）WebAPI 文档 https://www.xfyun.cn/doc/tts/online_tts/API.html 中的调用示例中下载。

3. 接口要求

使用语音合成（流式版）WebAPI 时，需按照表 5.7 所述要求进行。用户将待合成的文本数据上传到请求地址，请求地址将合成的音频文件返回给用户。

表 5.7　语音合成（流式版）WebAPI 接口要求

内容	说　明
传输方式	ws[s]（为提高安全性，强烈推荐 wss）
请求地址	ws[s]: //tts-api.xfyun.cn/v2/tts
请求行	GET /v2/tts HTTP/1.1
响应格式	统一采用 JSON 格式
音频属性	采样率 16 k 或 8 k
音频格式	pcm、speex（8 k）、speex-wb（16 k）
文本长度	单次调用长度需小于 8 000 字节（约 2 000 汉字）
发音人	中英粤多语种、川豫多方言、小语种、男女声多风格

4. 接口调用流程

语音合成 API 接口的调用流程与语音识别 API 接口的调用流程相同，分别为接口鉴权、数据上传和结果解析。

（1）接口鉴权。

语音合成 API 接口与语音识别 API 接口的鉴权流程相同，仅请求主机地址不同。

（2）数据上传。

握手成功后客户端和服务端会建立 websocket 连接，客户端通过 websocket 连接可以同时上传和接收数据。客户端上传的请求参数由三个部分组成，分别为：公共参数、业务参数，以及业务数据流参数，具体见表 5.8。

表 5.8　请求参数

分类	参数名	类型	必传	描述
common 公共参数	app_id	string	是	在平台申请的 APPID 信息
business 业务参数	ent	string	否	引擎类型，可选值：aisound（普通效果）；intp65（中文）；intp65_en（英文）；mtts（小语种，需配合小语种发音人使用）；xtts（优化效果）
	aue	string	是	音频编码，可选值：raw（未压缩的 pcm）；speex-org-wb；speex-org-nb；speex；speex-wb
	auf	string	否	音频采样率，可选值：audio/L16; rate=8 000（合成 8 K 的音频）；audio/L16；rate=16 000（合成 16 K 的音频）；auf 不传值（合成 16 K 的音频）
	vcn	string	是	发音人，在控制台添加试用或购买发音人，添加后即显示发音人参数值
	speed	int	否	语速，可选值：[0—100]，默认为 50
	volume	int	否	音量，可选值：[0—100]，默认为 50
	pitch	int	否	音高，可选值：[0—100]，默认为 50
	bgs	int	否	合成音频的背景音：0（无背景音）；1（有背景音）
	tte	string	是	文本编码格式：GB2312、GBK、BIG5、UNICODE、GB18030、UTF8
	reg	string	否	设置英文发音方式：0（自动判断处理，如果不确定将按照英文词语拼写处理）；1（所有英文按字母发音，默认）；2（自动判断处理，如果不确定将按照字母朗读）
	ram	string	否	是否读出标点：0（不读出所有的标点符号，默认值）；1（读出所有的标点符号）
	rdn	string	否	合成音频数字发音方式：0（自动判断，默认值）；1（完全数值）；2（完全字符串）；3（字符串优先）
data 业务数据 流参数	text	string	是	待合成的文本内容，需进行 base64 编码；base64 编码前最大长度需小于 8 000 字节，约 2 000 汉字
	status	int	是	数据状态，固定为 2。由于流式合成的文本只能一次性传输，不支持多次分段传输，此处 status 必须为 2

请求参数示例如下：

```
{
    "common":{                              # 公共参数
        "app_id":"123456"                   # 应用 APPID
```

```
        },
    "business":{                                            # 业务参数
        "vcn":"xiaoyan",                                    # 发音人：晓燕
        "aue":"raw",                                        # 音频编码：未压缩的 pcm
        "speed":"50"                                        # 语速 50
    },
    "data":{
        "status":2,                                         # 数据状态
        # 待合成的文本内容，base64 编码
        "text":"exSI6ICJlbiIsCgkgICAgInBvc2l0aW9uIjogImZhbHNlIjogJf..."
    }
}
```

数据上传结束标识示例如下：

```
{
    "data":{
        "status":2
    }
}
```

数据上传的具体代码如下：

```
def on_open(ws):                                            # 收到 websocket 连接建立的处理
    def run(*args):                                         # 定义 run()函数上传请求参数
        # 拼接上传参数
        d = {"common": wsParam.CommonArgs,                  # 公共参数
            "business": wsParam.BusinessArgs,               # 业务参数
            "data": wsParam.Data,                           # 业务数据流参数
            }
        d = json.dumps(d)                                   # 将参数转成 JSON 字符串
        print("------>开始发送文本数据")
        ws.send(d)                                          # 向服务端上传参数
    thread.start_new_thread(run, ())                        # 开启一个新线程，执行 run 函数
```

（3）结果解析。

客户端每次会话只用发送一次文本数据和参数，服务端有合成结果时会推送给客户端。返回参数见表 5.9。

表 5.9　返回参数

参数名	类型	描述
code	int	返回码，0 表示成功，其他表示异常
message	string	描述信息
data	object	返回数据
data.audio	string	合成后的音频片段，采用 base64 编码
data.status	int	当前音频流状态，0 表示开始合成，1 表示合成中，2 表示合成结束
data.ced	string	合成进度，指当前合成文本的字节数
sid	string	本次会话的 id，只在第一帧请求时返回

返回参数示例如下：

```
{
  "code":0,                                          # 返回码
  "message":"success",                               # 描述信息
  "sid":"ttsxxxxxxxxxxx",                            # 本次会话的 id
  "data":{
    "audio":"QAfe..........",                        # 合成后的音频片段
    "ced":"14",                                      # 合成进度
    "status":2                                       # 音频流状态，合成结束
  }
}
```

用于处理返回参数的具体代码如下：

```python
def on_message(ws, message):
  try:
    message =json.loads(message)                     # 将返回参数转为 Python 数据结构
    code = message["code"]                           # 读取返回码
    sid = message["sid"]                             # 读取本次会话的 id
    audio = message["data"]["audio"]                 # 读取音频数据
    audio = base64.b64decode(audio)                  # 音频数据解码
    status = message["data"]["status"]               # 读取返回状态码
    print(message)
    if status == 2:                                  # 合成结束
      print("ws is closed")
      ws.close()                                     # websocket 连接关闭
    if code != 0:                                    # 异常
```

```
        errMsg = message["message"]                          # 读取异常消息
        print("sid:%s call error:%s code is:%s" % (sid, errMsg, code))
    else:                                                     # 没有异常，写音频文件
        with open('./demo.pcm', 'ab') as f:                   # 打开当前目录 demo.pcm 文件
            f.write(audio)                                    # 写音频文件

    except Exception as e:                                    # 异常处理
  print("receive msg,but parse exception:", e)
```

接收到服务器的返回参数后，on_message()函数首先检查有无错误，如果没有错误，则读取返回参数中的音频数据，并将音频数据写入音频文件 demo.pcm。

144

5.4　项目步骤

5.4.1　应用平台配置

在使用讯飞平台的服务之前，我们首先需要在平台上创建应用，步骤见表 5.10。

※　同声传译项目步骤

表 5.10　应用创建步骤

序号	图片示例	操作步骤
1	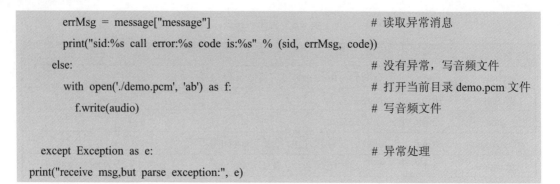	登陆讯飞开放平台控制台，点击【创建新应用】
2	* 应用名称 基于语音交互的同声传译 * 应用分类 聊天社交 * 应用功能描述 同声传译 提交　返回我的应用	进入创建应用引导页，应用名称填写"基于语音交互的同声传译"，应用分类及功能描述自由填写，填写完成后点击【提交】按钮，应用创建完毕

续表 5.10

序号	图片示例	操作步骤
3	⚙ 我的应用　　创建新应用 基　基于语音交互的同声传译　　5df1e939　　学习	点击"基于语音交互的同声传译"
4	基于语音交互的… 🈁 语音识别　∨ 历史用量 📅 2020-02-19 - 2020-03-19 🔊 语音合成　∧ 在线语音合成（流式版）	在左侧导航栏点击"语音合成"，点击"在线语音合成（流式版）"
5	服务接口认证信息 APPID APISecret APIKey	找到页面右上角的服务接口认证信息，将信息复制到剪贴板 注：机器翻译服务的接口认证信息与在线语音合成接口认证信息一致
6	←　→　∨　↑　📁 《 本地磁盘 (E:) 》 codes 　　∨　↻ 名称　　　　　　　　修改日期 📄 同声传译appid.txt　　2020/1/15 8:56	在 E:\codes 文件夹新建一个文本文档"同声传译 appid.txt"，将刚才复制的信息存储在文本文档中

续表 5.10

序号	图片示例	操作步骤
7	基于语音交互的… 文字识别 图像识别 内容审核 NLP 自然语言处理 机器翻译 机器翻译(niutrans) 实时用量 今日调用量 0 历史用量 2020-03-10 - 2020-04-10	在左侧导航栏点击"自然语言处理",点击"机器翻译"
8	实时用量 今日调用量 0　剩余字符量 0　购买字符量	点击【购买字符量】
9	套餐　认证包 字符量　200万字符 价格　免费 有效期　一年 使用服务　认证领取	点击【认证领取】
10	选择应用 基于语音交互的同声传译 ＋ 选择套餐 认证包（200万字符） 0.00元 加入购物车　确认下单	按照提示上传身份证正、反面等待审核认证,认证完成后,选择应用,选择套餐,最后点击【确认下单】按钮

5.4.2　系统环境配置

本项目中机器翻译服务通过 Http 请求实现，需要用到 requests 模块。requests 模块是一个常用的用于 Http 请求的模块，它使用 Python 语言编写，可以方便地向服务端发出 Http 请求。下载并安装 requests 模块的步骤见表 5.11。

表 5.11　requests 模块下载安装步骤

序号	图片示例	操作步骤
1		打开系统命令行，输入"pip install requests"，按回车键，开始下载安装
2		输入"python"，进入 python 命令行环境
3		输入"import requests"，按回车键，没有错误提示，证明模块安装成功

5.4.3　关联模块设计

本项目共包含五个程序模块，分别为录音模块、语音识别模块、机器翻译模块、语音合成模块，以及语音播放模块，各模块的功能如下：

（1）录音模块：开启电脑麦克风录一段音频，将录音保存成.wav 格式的音频文件，然后将音频文件转换成.pcm 格式的音频文件。

（2）语音识别模块：识别输入的.pcm 音频文件中的语音，并转换成对应的文字输出。

（3）机器翻译模块：将语音识别模块识别出的文字转换成目标语言。

（4）语音合成模块：将翻译出的文字合成.pcm 格式的音频文件。

（5）语音播放模块：将.pcm 格式的音频文件转换成.wav 格式的音频文件，播放音频文件。

其中，前面两个模块我们已经在第 4 章基于语音识别的智能听写项目中实现，本节我们将实现后面三个模块。

1. 机器翻译模块

打开 IDLE，创建空白程序文件，命名为 textTrans.py，保存在 E:\codes 文件夹中。

STEP1：初始化

机器翻译模块程序编写的第一步为初始化，包括导入模块及参数初始化，具体代码如下：

```
import requests                                        # Python HTTP 接口模块
import datetime                                        # 日期模块
import hashlib                                         # 用于对鉴权信息进行加密
import base64                                          # 用于对鉴权信息进行编码
import hmac                                            # 用于对鉴权信息进行加密
import json                                            # 用于处理 JSON 字符串


class get_result(object):                              # 机器翻译接口类
  def __init__(self,host,srcText):                     # 初始化方法
    # 应用 ID, 接口 APIKey, 接口 APISercet 到 E:\codes\同声传译 appid.txt 中获取
    self.APPID = "XXXXXXXXX"
    self.APIKey= "XXXXXXXXXXXXXXXXXXXXXXXXXXXXXXXXXXX"
    self.Secret = "XXXXXXXXXXXXXXXXXXXXXXXXXXXXXXXXXX"


    # 以下为 POST 请求
    self.Host = host                                   # POST 请求主机地址
    self.RequestUri = "/v2/its"
    # 设置 url
    self.url="https://"+host+self.RequestUri           # 请求资源地址
    self.HttpMethod = "POST"                           # HTTP 请求方法为 POST
    self.Algorithm = "hmac-sha256"                     # 加密算法
    self.HttpProto = "HTTP/1.1"                        # 使用超文本传输协议-版本 1.1


    # 设置当前时间
    curTime_utc = datetime.datetime.utcnow()           # 获取系统当前时间
```

```
        self.Date = self.httpdate(curTime_utc)              # 将时间转成 RFC1123 格式
        # 设置业务参数
        self.Text=srcText                                   # 初始化待翻译的文本
        self.BusinessArgs={                                 # 业务参数
            "from": "cn",                                   # 源语种，中文
            "to": "en",                                     # 目标语种，英文
          }


    def httpdate(self, dt):                                 # 生成 RFC1123 格式的时间戳
        # 星期的显示格式
        weekday = ["Mon", "Tue", "Wed", "Thu", "Fri", "Sat", "Sun"][dt.weekday()]
        # 月份的显示格式
        month = ["Jan", "Feb", "Mar", "Apr", "May", "Jun", "Jul", "Aug", "Sep",
                 "Oct", "Nov", "Dec"][dt.month - 1]
        # 返回 RFC1123 格式的时间戳
        return "%s, %02d %s %04d %02d:%02d:%02d GMT" % (weekday, dt.day, month,
               dt.year, dt.hour, dt.minute, dt.second)
```

STEP2：生成请求体

使用平台的机器翻译服务，需要向服务端发送 Http POST 请求，将待翻译的文本和翻译参数放在请求体中上传到服务端，服务端将翻译结果返回给客服端。生成请求体的具体代码如下：

```
def get_body(self):                                         # 生成请求体
    # content 为待上传的文本数据，base64 编码
    content = str(base64.b64encode(self.Text.encode('utf-8')), 'utf-8')
    postdata = {                                            # 配置请求参数
      "common": {"app_id": self.APPID},                     # 公共参数
      "business": self.BusinessArgs,                        # 业务参数
      "data": {                                             # 待上传的文本数据
        "text": content,
      }
    }
    body = json.dumps(postdata)                             # 将请求参数转为 JSON 字符串
    return body                                             # 返回请求体
```

STEP3：生成请求头

在调用机器翻译接口时，须对 HTTP 请求进行签名，服务端通过签名来识别用户并验证其合法性。签名的方法是在 HTTP 请求头（Request Header）中配置鉴权参数用于授权认证，生成请求头的具体代码如下：

```python
def hashlib_256(self, res):
    # 对请求体进行 SHA256 加密计算
    m = hashlib.sha256(bytes(res.encode(encoding='utf-8'))).digest()
    # 把计算结果进行 Base64 编码后的字符串写在"SHA-256="后
    result = "SHA-256=" + base64.b64encode(m).decode(encoding='utf-8')
    return result                                    # 返回请求体的加密结果

def generateSignature(self, digest):                 # 根据加密后的请求体生成签名
    # 构建签名原始字段
    signatureStr = "host: " + self.Host + "\n"
    signatureStr += "date: " + self.Date + "\n"
    signatureStr += self.HttpMethod + " " + self.RequestUri \
                    + " " + self.HttpProto + "\n"
    signatureStr += "digest: " + digest
    # 使用 hmac-sha256 加密算法结合 APISecret 对签名原始字段进行签名
    signature = hmac.new(bytes(self.Secret.encode(encoding='utf-8')),
                         bytes(signatureStr.encode(encoding='utf-8')),
                         digestmod=hashlib.sha256).digest()
    # 使用 base64 编码对签名进行编码,获得最终的签名
    result = base64.b64encode(signature)
    return result.decode(encoding='utf-8')           # 返回签名

def init_header(self, data):                         # 生成请求头
    digest = self.hashlib_256(data)                  # 对请求体进行 SHA256 加密计算
    sign = self.generateSignature(digest)            # 根据加密后的请求体生成签名
    # 拼接鉴权参数
    authHeader = 'api_key="%s", algorithm="%s", ' \
                 'headers="host date request-line digest", ' \
                 'signature="%s"' \
                 % (self.APIKey, self.Algorithm, sign)
    # 生成请求头
    headers = {
```

```
      "Content-Type": "application/json",            # 请求内容格式
      "Accept": "application/json",                   # 接收数据格式
      "Method": "POST",                               # 请求方法：POST
      "Host": self.Host,                              # 资源地址
      "Date": self.Date,                              # 时间
      "Digest": digest,                               # 签名摘要
      "Authorization": authHeader                     # 鉴权参数
   }
   return headers                                     # 返回请求头
```

STEP4：发起 Http POST 请求

客户端向服务端（平台）发起 Http POST 请求的代码如下：

```
def call_url(self):                                    # 发起 Http 请求
  if self.APPID == '' or self.APIKey == '' or self.Secret == '':
    print('Appid 或 APIKey 或 APISecret 为空！请打开 demo 代码，填写相关信息。')
  else:
    code = 0
    body=self.get_body()                               # 生成请求体
    headers=self.init_header(body)                     # 生成请求头
    # 发起 Http POST 请求
    response = requests.post(self.url, data=body, headers=headers,timeout=8)
    status_code = response.status_code                 # 返回状态码
    if status_code!=200:                               # 鉴权失败
      print("Http 请求失败，状态码：" + str(status_code) + "，错误信息：" +
          response.text)
    else:                                              # 鉴权成功
      respData = json.loads(response.text)             # 将返回结果转为 python 数据类型
      result = respData["data"]["result"]["trans_result"]["dst"]  # 提取翻译结果
      return result                                    # 返回翻译结果
```

2. 语音合成模块

打开 IDLE，创建空白程序文件，命名为 voiceSyn.py，保存在 E:\codes 文件夹中。

STEP1：初始化

语音合成模块程序编写的第一步为初始化，包括导入模块及参数初始化，具体代码
如下：

```
import websocket                                          # 导入 websocket 模块
import datetime                                           # 导入 datetime 模块
import hashlib                                            # 导入 hashlib 模块
import base64                                             # 导入 base64 模块
import hmac                                               # 导入 hmac 模块
import json                                               # 导入 json 模块
from urllib.parse import urlencode                        # 导入 urlencode
import time                                               # 导入 time 模块
import ssl                                                # 导入 ssl 模块
from wsgiref.handlers import format_date_time             # 导入 format_date_time 函数
from datetime import datetime                             # 导入 datetime 函数
from time import mktime                                   # 导入 time 模块中的 mkime 函数
import _thread as thread                                  # 导入 _thread，处理多线程任务
import os                                                 # 导入操作系统模块


STATUS_FIRST_FRAME = 0                                    # 第一帧的标识
STATUS_CONTINUE_FRAME = 1                                 # 中间帧标识
STATUS_LAST_FRAME = 2                                     # 最后一帧的标识
```

STEP2：鉴权信息生成

Ws_Param 类用来处理上传到语音合成服务端的参数。Ws_Param 类包括__init__()初始化方法和 create_url()鉴权参数生成方法。__init__()初始化方法对服务接口认证信息、公共参数、业务参数进行初始化。create_url()方法通过在请求主机地址后面加上鉴权相关参数来生成最终的请求地址。

```
class Ws_Param(object):
                                                          # 初始化
  def __init__(self, APPID, APIKey, APISecret):
    self.APPID = APPID                                    # 初始化 APPID 参数
    self.APIKey = APIKey                                  # 初始化 APIKey 参数
    self.APISecret = APISecret                            # 初始化 APISecret 参数
    self.CommonArgs = {"app_id": self.APPID}              # 初始化公共参数
                                                          # 初始化业务参数
    # 参数含义：raw (合成未压缩的 pcm), audio/L16;rate=16000 (16K 的音频),
    # xiaoyan (发音人"晓燕"), utf8 (文本编码格式 UTF8), intp65_en (合成语种为英文)
    self.BusinessArgs = {"aue": "raw", "auf": "audio/L16;rate=16000",
                         "vcn": "xiaoyan", "tte": "utf8","ent":"intp65_en"}
```

```python
# 生成 url
def create_url(self):
    url = 'wss://tts-api.xfyun.cn/v2/tts'                      # 请求主机地址
    # 生成 RFC1123 格式的时间戳
    now = datetime.now()                                       # 获取系统当前时间
    date = format_date_time(mktime(now.timetuple())) # 生成 RFC1123 格式的时间戳
    # 签名原始字段
    signature_origin = "host: " + "ws-api.xfyun.cn" + "\n"
    signature_origin += "date: " + date + "\n"
    signature_origin += "GET " + "/v2/tts " + "HTTP/1.1"
    # 对签名原始字段进行 hmac-sha256 加密，base64 编码
    signature_sha = hmac.new(self.APISecret.encode('utf-8'),
    signature_origin.encode('utf-8'), digestmod=hashlib.sha256).digest()
    signature_sha = base64.b64encode(signature_sha).decode(encoding='utf-8')
    # 生成授权参数原始字段
    authorization_origin = "api_key=\"%s\", algorithm=\"%s\", \    #这里的斜杠\是续行符
                            headers=\"%s\", signature=\"%s\"" \    #续行符
                        % (self.APIKey, "hmac-sha256",
                            "host date request-line", signature_sha)
    authorization = base64.b64encode(authorization_origin.encode('utf-8')).\ #续行符
                decode(encoding='utf-8')
    # 生成鉴权参数
    v = {
        "authorization": authorization,                        # 授权参数
        "date": date,                                          # 时间
        "host": "ws-api.xfyun.cn"                              # 请求主机地址
    }
    url = url + '?' + urlencode(v)                             # 生成完整请求地址
    return url                                                 # 返回请求地址
```

注：在以上代码中，行末尾的斜杠\为续行符，如果是括号中语句分成多行，可不加续行符。

STEP3： 语言合成服务接口交互

myClientSyn 类用来处理与语音合成服务端的交互，具体代码如下：

```
class myClientSyn:
  def __init__(self):
    # Ws_Param 类实例化,,,APPID、APIKey 和 APISecret 的信息存
    # 储在 E:\codes\同声传译 appid.txt 中，请对照填写
    self.wsParam = Ws_Param(APPID='XXXXXXX', APIKey='XXXXXXXXXXXXXXXXXXXXXXXX',
            APISecret='XXXXXXXXXXXXXXXXXXXXXXXXXXXXXXXXXXXXXX')
    websocket.enableTrace(False)                    # 隐藏请求和响应的头部信息
    wsUrl = self.wsParam.create_url()               # 生成请求地址
    # WebSocketApp 类实例化, 注册回调函数
    self.ws = websocket.WebSocketApp(wsUrl,
            on_message = lambda ws,msg: self.on_message(ws, msg),
            on_error   = lambda ws,msg: self.on_error(ws, msg),
            on_close   = lambda ws:     self.on_close(ws),
            on_open    = lambda ws:     self.on_open(ws))


  # 收到 websocket 消息的处理
  def on_message(self, ws, message):
    try:
      message =json.loads(message)                  # JSON 字符串转换为 Python 数据结构
      code = message["code"]                        # 读取返回码
      sid = message["sid"]                          # 读取本次会话的 id
      audio = message["data"]["audio"]              # 读取返回的音频数据
      audio = base64.b64decode(audio)               # 音频数据解码
      status = message["data"]["status"]            # 读取返回状态码
      # print(message)
      if status == 2:                               # 合成结束
        ws.close()                                  # websocket 连接关闭
      if code != 0:                                 # 异常
        errMsg = message["message"]                 # 读取异常消息
        print("sid:%s call error:%s code is:%s" % (sid, errMsg, code))
      else:                                         # 没有异常，写音频文件
        with open(self.Filename, 'ab') as f:        # 打开 self.Filename 路径对应的文件
          f.write(audio)                            # 写音频文件
    except Exception as e:                          # 异常处理
      print("receive msg,but parse exception:", e)

  def on_error(self, ws, error):                    # 收到 websocket 错误的处理
```

```
        print("### error:", error)


    def on_close(self, ws):                          # 收到 websocket 关闭的处理
        print("### closed ###")


    def on_open(self, ws):                           # 收到 websocket 连接建立的处理
        def run(*args):
            # 准备要上传的数据
            self.wsParam.Data = {"status": 2, "text":
                            str(base64.b64encode(self.Text.encode('utf-8')), "UTF8")}
                                                     # 拼接上传参数
            d = {"common": self.wsParam.CommonArgs,  # 公共参数
                "business": self.wsParam.BusinessArgs,  # 业务参数
                "data": self.wsParam.Data,           # 业务数据流参数
                }
            d = json.dumps(d)                        # 将参数转成 JSON 字符串
            ws.send(d)                               # 向服务端上传参数
            if os.path.exists(self.Filename):        # 如果 self.Filename 文件路径已存在
                os.remove(self.Filename)             # 删除 self.Filename 文件路径

        thread.start_new_thread(run, ())             # 开启一个新线程，执行 run 函数


    def voice_syn(self,text,synfile):                # 语音合成接口调用方法
        self.Text = text                             # 待合成的文本
        self.Filename = synfile                      # 合成音频文件路径
        self.ws.run_forever(sslopt={"cert_reqs": ssl.CERT_NONE})  # 启动 websocket 应用
```

3. 语音播放模块

由于语音合成的音频文件是未压缩的.pcm 格式，播放音频文件之前需要对音频文件进行格式转换。我们将使用 FFmpeg 工具把.pcm 格式音频文件转换为.wav 格式的音频文件。.wav 格式的音频文件可以通过音频播放软件播放，如 Windows Media Player，也可以通过代码实现自动播放。

打开 IDLE，创建空白程序文件，命名为 playAudio.py，保存在 E:\codes 文件夹中，在文件中输入以下代码：

```
import pyaudio                                          # 导入 pyaudio 模块
import wave                                             # 导入 wave 模块
import os                                               # 导入系统功能模块

def pcm_to_wav(pcm_file):
    temp = pcm_file.split(".")                          # 将输入文件路径按照点号分隔
    filename = temp[0]                                  # 去掉文件名后缀
    wav_file = "%s.wav" % filename                      # 给文件名加上.wav 的后缀
    # 在系统命令行中调用 ffmpeg 程序，将 pcm 格式输入文件转换成 wav 格式输出文件
    os.system("ffmpeg -y -f s16le -ac 1 -ar 16000 -loglevel quiet \
            -i %s %s"%(pcm_file, wav_file))
    return wav_file                                     # 返回输出文件名

def play(file):                                         # 定义音频播放函数
    CHUNK = 1024                                        # 每次读取的帧数
    wf = wave.open(file, 'rb')                          # 打开音频文件
    p = pyaudio.PyAudio()                               # 实例化 PyAudio 类
    # 创建音频流
    stream = p.open(format=p.get_format_from_width(wf.getsampwidth()),
                    channels=wf.getnchannels(),
                    rate=wf.getframerate(),
                    output=True)

    data = wf.readframes(CHUNK)                         # 从音频文件读取 1 024 帧数据
    while len(data) > 0:                                # 循环读取文件，直至文件尾
        stream.write(data)                              # 将音频数据写入音频流
        data = wf.readframes(CHUNK)                     # 从音频文件读取 1 024 帧数据

    stream.stop_stream()                                # 终止音频流
    stream.close()                                      # 关闭音频流
    p.terminate()                                       # 终止 PyAudio 类对象
```

　　模块程序中定义了 play() 函数，该函数首先调用 PyAudio 类对象的 open() 方法创建了一个音频流，然后从音频文件中循环读取音频数据，写入音频流，实现了播放音频的功能。

5.4.4　主体程序设计

主体程序可实现同声传译的功能，录制一段音频，智能识别语音内容，然后翻译成目标语言，用语音输出翻译结果。打开 IDLE，创建一个空白程序文件，命名为 aiTranslation.py，并保存在 E:\codes 文件夹中，在程序文件中输入以下代码：

```python
import recordAudio                                  # 录音模块
import voiceRecog                                   # 语音识别模块
import textTrans                                    # 机器翻译模块
import voiceSyn                                     # 语音合成模块
import playAudio                                    # 音频播放模块


# 录制一段音频
wavFile = 'E:\\audio\\test.wav'                     # 音频文件保存路径
print("开始录音，请说话，说完后按任意键结束录音...")
recordAudio.record(wavFile)                         # 调用 record()函数录制音频
print("录音文件: %s" %wavFile)                       # 输出提示语句
outputFile=recordAudio.wav_to_pcm(wavFile)         # 格式转换
print("文件已转成 pcm 格式:%s" %outputFile)          # 输出提示语句


# 语音识别
client= voiceRecog.myClient()                       # myClient 类实例化
result = client.voice_recog(outputFile)            # 调用 voice_recog()方法识别语音
print("语音识别结果: %s" %result)                    # 打印语音识别结果


# 文本翻译
gClass=textTrans.get_result("itrans.xfyun.cn", result)   # 机器翻译接口类实例化
resultTrans = gClass.call_url()                    # 向机器翻译服务端发送请求
print('翻译结果: %s' % resultTrans)                 # 打印翻译结果


# 语音合成
client=voiceSyn.myClientSyn()                       # 语音合成接口类实例化
temp = wavFile.split(".")                           # 将输入文件路径按照点号分隔
filename = temp[0]                                  # 去掉文件名后缀
synfile = "%s_translation.pcm" % filename          # 语音合成文件名
client.voice_syn(resultTrans,synfile)              # 向语音合成服务端发送请求
print("语音合成结果:%s" %synfile)                    # 打印合成结果
```

```
# 播放合成语音
synfile_wav = playAudio.pcm_to_wav(synfile)          # pcm 转为 wav
print("文件格式转换：%s" %synfile_wav)                # 打印转换结果
playAudio.play(synfile_wav)                           # 播放语音
```

5.4.5 模块程序调试

1. 机器翻译模块程序调试

打开 E:\codes\textTrans.py 文件，在文件的最后添加以下代码：

```
if __name__ == '__main__':
    gClass=get_result("itrans.xfyun.cn","你好吗")    # 机器翻译接口类实例化
    result=gClass.call_url()                          # 向机器翻译服务端发出请求
    print("翻译结果:%s" %result)                      # 打印翻译结果
```

打开系统命令行，输入"python E:\codes\textTrans.py"，按回车键，程序运行结果如图 5.11 所示。

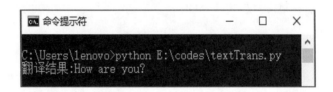

图 5.11　机器翻译模块调试结果

2. 语音合成模块程序调试

打开 E:\codes\voiceSyn.py 文件，在文件的最后添加以下代码：

```
if __name__ == "__main__":
    client=myClientSyn()                              # 语音合成接口类实例化
    text="这是一个语音合成示例"                        # 待合成的文本
    synfile = "E:\\audio\\demo.pcm"                   # 合成音频文件路径
    client.voice_syn(text,synfile)                    # 调用语音合成接口方法
    print("语音合成结果:%s" %synfile)                 # 打印合成结果
```

打开系统命令行，输入"python E:\codes\voiceSyn.py"，按回车键，程序运行结果如图 5.12 所示，打开 E:\audio 文件夹，可以看到合成的 demo.pcm 文件，如图 5.13 所示。

158

图 5.12 语音合成模块调试结果

图 5.13 语音合成生成文件

3. 音频播放模块程序调试

打开 E:\codes\playAudio.py 文件，在文件的最后添加以下代码：

```
if __name__ == "__main__":
    filename = 'E://audio//demo.pcm'                      # 播放的音频文件路径
    wavFile=pcm_to_wav(filename)                          # 格式转换
    print('播放语音合成结果...')
    play(wavFile)                                         # 播放音频文件
```

打开系统命令行，输入"python E:\codes\playAudio.py"，按回车键，程序运行结果如图 5.14 所示，程序运行过程中可听到合成的语音。

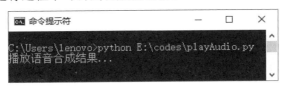

图 5.14 音频播放模块调试结果

5.4.6 项目总体运行

在调试完各个模块程序后，我们可以进行项目总体运行，具体步骤见表 5.12。

表 5.12 项目总体运行步骤

序号	图片示例	操作步骤
1	![命令提示符] C:\Users\lenovo>python E:\codes\aiTranslation.py	打开系统命令行，输入"python E:\codes\aiTranslation.py"，按回车键
2	![命令提示符] C:\Users\lenovo>python E:\codes\aiTranslation.py 开始录音，请说话，说完后按任意键结束录音... 录音文件:E:\audio\test.wav 文件已转成pcm格式:E:\audio\test.pcm 语音识别结果：测试一下。 翻译结果：Test it. 语音合成结果:E:\audio\test_translation.pcm 文件格式转换：E:\audio\test_translation.wav	看到提示后，说出"测试一下"，按任意键结束录音，可听到翻译结果"Test it."

159

5.5 项目验证

运行 E:\codes\aiTranslation.py 程序，朗读如下一段文字，验证同声传译的效果：

> 工业机器人是在工业生产中使用的机器人的总称，主要用于完成工业生产中的某些作业。工业机器人的种类较多，常用的有搬运机器人、焊接机器人、喷涂机器人、装配机器人和码垛机器人等。

程序运行结果如图 5.15 所示，包括了语音识别的结果和机器翻译的结果，在文件格式转换完成之后开始播放翻译结果。

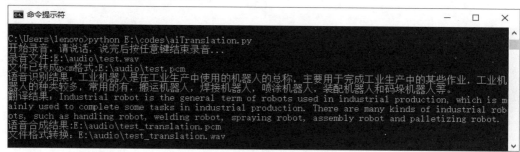

图 5.15 项目验证结果

5.6 项目总结

5.6.1 项目评价

项目评价表见表 5.13。

表 5.13 项目评价表

项目指标		分值	自评	互评	评分说明
项目分析	1. 项目架构分析	5			
	2. 项目流程分析	5			
项目要点	1. 机器翻译基础	5			
	2. 机器翻译服务接口	5			
	3. 语音合成基础	5			
	4. 语音合成服务接口	5			
项目步骤	1. 应用平台配置	10			
	2. 系统环境配置	10			
	3. 关联模块设计	10			
	4. 主体程序设计	10			
	5. 模块程序调试	10			
	6. 项目总体运行	10			
项目验证	验证结果	10			
合计		100			

5.6.2　项目拓展

1. 英译中同声传译

修改本项目中的代码，实现英译中同声传译功能，即客户说一句英文，程序将其翻译成中文，并将翻译的结果用语音播放出来。

2. 语音扩展——歌曲识别服务

创建一个应用，使用语音扩展——歌曲识别服务，通过用户对着话筒哼唱小段歌曲，系统自动识别并检索出所哼唱的歌曲。该服务可应用的场景包括：

➢ 听歌识曲。当突然听到一段动人的音乐旋律或歌曲，迫切想试听享用却不知道是什么歌时，可通过歌曲识别技术识别出歌曲信息，进而搜索试听。

➢ 歌曲搜索。当听到一段动人的音乐旋律或歌曲，却不知道是哪一首歌时，只要对着麦克风哼唱一小段旋律及歌词就能够找出想要的音乐。

3. 语音扩展——性别年龄识别服务

创建一个应用，使用语音扩展——性别年龄识别服务，由机器自动对说话者的年龄大小及性别属性进行分析，通过收到的音频数据判定发音人的性别（男，女）及年龄范围（小孩，中年，老人）。该服务可应用的场景包括：

➢ 客户画像分析。对于电话客服接到的客户音频信息，可以进行声音特征分析，便于构造用户画像。

➢ 娱乐应用。分析用户上传的声音信息，给用户构造性格特征标签，增加更多的娱乐互动。

➢ 聊天应用。根据用户上传的音频文件，给用户进行标签分类，进行精准化社交匹配。

第6章　基于语义理解的垃圾分类项目

6.1　项目目的

※　垃圾分类项目目的

6.1.1　项目背景

自然语言处理是人工智能领域中的一个重要方向，主要研究实现人与计算机之间用自然语言进行有效通信。自然语言处理涉及的领域较多，主要包括机器翻译、语义理解等。其中，语义理解技术是指利用计算机技术实现对文本的理解，并且回答与篇章相关问题的过程。

语义理解技术可以应用于问答系统、信息检索、新闻推荐等场景。问答系统通过对问题进行语义理解和解析，理解用户查询意图，进而利用知识库进行查询，将精确答案以自然语言形式返回用户。目前，问答系统已经广泛应用于智能客服、手机智能助手等，随着问答系统的不断智能化，未来在教育、医疗、金融等领域将发挥更大的作用。

6.1.2　项目需求

本项目为基于语义理解的垃圾分类项目，可实现对垃圾分类的语音查询。使用者可以通过语音查询某个垃圾所属类别、垃圾分类政策执行城市的情况，以及各个垃圾类别的定义等内容。本项目具体需求如图6.1所示。

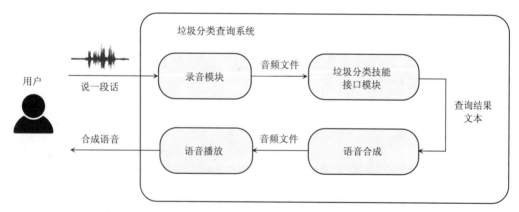

图 6.1　项目需求图示

6.1.3　项目目的

（1）掌握语义理解的基本概念。

（2）掌握讯飞 AIUI 平台开放技能应用的方法。

（3）掌握使用讯飞 AIUI 平台服务接口的方法。

6.2　项目分析

6.2.1　项目构架

本项目为基于语义理解的垃圾分类项目，需要通过录音模块、垃圾分类技能接口模块、语音合成模块，以及语音播放模块来实现将输入的语音查询转换为语音输出的功能。其中，录音模块的程序流程如图 4.3 所示，语音合成模块、语音播放模块的程序流程如图 5.4 所示，垃圾分类技能接口模块的程序流程如图 6.2 所示。

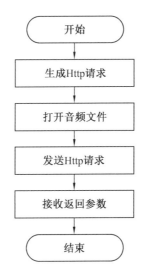

图 6.2　垃圾分类技能接口模块程序流程图

6.2.2　项目流程

本项目的实施流程如图 6.3 所示。

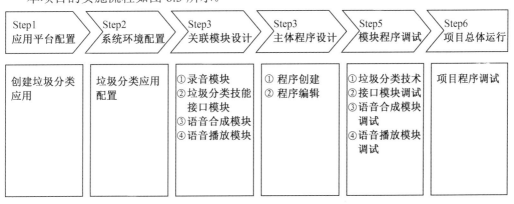

图 6.3　项目流程

6.3 项目要点

6.3.1 语义理解基础

✱ 垃圾分类项目要点

1. 语义理解的概念

语义理解技术是指利用计算机技术实现对文本篇章的理解，并且回答与篇章相关问题的过程。语义理解更注重对上下文的理解以及对答案精准程度的把控。随着众多开源语音数据集的发布，语义理解受到更多关注，取得了快速发展，相关数据集和对应的神经网络模型层出不穷。语义理解技术将在智能客服、产品自动问答等相关领域发挥重要作用，进一步提高问答与对话系统的精度，如图 6.4 所示。

图 6.4　语义理解的应用

2. 语义理解的方法

句法分析和语义分析是理解自然语言的两种主要方法。语言是一组有意义的语句，但是什么使语句有意义呢？实际上，你可以将有效性分为两类：句法和语义。术语"句法"是指文本的语法结构，而术语"语义"是指由它表达的含义。

（1）句法分析。

句法分析，也称为语法分析或解析，是通过遵循正式语法规则来分析自然语言的过程。语法规则适用于单词和词组，而不是单个单词。语法分析主要为文本分配语义结构。

（2）语义分析。

我们理解他人的语言是一种无意识的过程，依赖于直觉和对语言本身的认识。因此，我们理解语言的方式很大程度上取决于意义和语境。计算机却不能依赖上述方法，需要采用不同的途径。"语义"这个词是一个语言术语，意思与意义或逻辑相近。

因此，语义分析是理解单词、符号和语句结构的含义和解释的过程，这使计算机能够以人类的方式理解部分涉及意义和语境的自然语言。因为语义分析是自然语言处理中最棘手的部分之一，仍未完全解决，所以只能部分理解。例如，语音识别技术已非常成熟，并且工作近乎完美，但仍然缺乏在自然语言理解（例如语义）中的熟练程度。

6.3.2　讯飞 AIUI 平台服务接口

本项目将使用讯飞 AIUI 平台实现垃圾分类的智能查询。AIUI 是科大讯飞提供的一套人机智能交互解决方案，旨在实现人机交互无障碍，使人与机器之间可以通过语音、图像、手势等自然交互方式，进行持续、双向、自然的沟通。接入了 AIUI 的应用和设备可以轻松实现智能查询、播放音视频资源、设置闹钟，以及控制智能家居等。

讯飞 AIUI 平台提供了 Web API 接口，可通过向平台发送 Http 请求，使用平台所提供的一系列人工智能服务。AIUI 平台 Web API 接口的调用方法如下：

➤ 接口鉴权，客户端将鉴权参数配置在 Http 请求头（Request Header）中。

➤ 数据上传，客户端将请求参数及待翻译的文本数据放在 Http 请求体（Request Body）中，以 POST 请求的形式向服务端提交要被处理的数据。

➤ 结果解析，客户端接收服务端的返回参数，并从返回参数中解析出回答文本。

接口调用示例代码 WebaiuiDemo.py 的下载地址如下：

https://github.com/IflytekAIUI/DemoCode/tree/master/webapi_v2/python

1. 接口鉴权

在调用接口时，必须对 Http 请求进行签名，服务端通过签名来识别用户并验证其合法性。签名的方法是在 Http 请求头中配置以下参数用于授权认证。

表 6.1 中，X-Param 为各配置参数组成的字符串经 Base64 编码之后的字符串，各参数说明见表 6.2。

表 6.1　Http 请求头参数

参数	格式	说明	必须
X-Appid	字符串	讯飞 AIUI 开放平台注册申请应用的应用 ID(appid)	是
X-CurTime	字符串	当前 UTC 时间戳，从 1970 年 1 月 1 日 0 点 0 分 0 秒开始到现在的秒数	是
X-Param	字符串	相关请求参数经 Base64 编码后的字符串	是
X-CheckSum	字符串	令牌，计算方法：MD5(APIKey+CurTime+Param)，三个值拼接的字符串，进行 MD5 哈希计算	是

表 6.2　配置参数

参数	类型	必须	说明
scene	字符串	是	情景模式，可选值：main（测试环境），main_box（生产环境）
auth_id	字符串	是	用户唯一 ID（32 位字符串）
data_type	字符串	是	数据类型，可选值：text（文本），audio（音频）
sample_rate	字符串	否	音频采样率，可选值：16 000（16 k 采样率）、8 000（8 k 采样率），默认为 16 000
aue	字符串	否	音频编码，可选值：raw（未压缩的.pcm 或.wav 格式）、speex、speex-wb，默认为 raw
speex_size	字符串	否	speex 音频帧大小，speex 音频必传
lat	字符串	否	纬度
lng	字符串	否	经度
pers_param	字符串	否	个性化参数，json 字符串，目前支持用户级（auth_id）、应用级（appid）和用户自定义级
result_level	字符串	否	结果级别，可选值：plain（精简），complete（完整），默认 plain
interact_mode	字符串	否	是否开启云端 vad，可选值：continuous（开启），oneshot（关闭），默认为 continuous
topn	字符串	否	多候选词
client_ip	字符串	否	设备终端 IP，可用于定位，定位优先级：文本中地理位置>经纬度信息>设备终端 IP
clean_dialog_history	字符串	否	是否清除交互历史，可选值：auto（不清除）、user（清除），默认为不清除

接口鉴权的代码如下：

```
URL = "http://openapi.xfyun.cn/v2/aiui"              # 接口地址
APPID = ""                                           # 应用 APPID
API_KEY = ""                                         # 应用 API_KEY
AUE = "raw"                                          # 音频编码为 raw
AUTH_ID = "2894c985bf8b1111c6728db79d3479ae"         # 用户唯一 ID
DATA_TYPE = "audio"                                  # 数据类型为音频
SAMPLE_RATE = "16000"                                # 音频采样率为 16 000 次/s
SCENE = "main"                                       # 情景模式为测试环境
RESULT_LEVEL = "complete"                            # 结果级别为完整
LAT = "39.938838"                                    # 纬度
LNG = "116.368624"                                   # 经度
# 个性化参数
```

```
PERS_PARAM = "{\\\"auth_id\\\"":\\\"2894c985bf8b1111c6728db79d3479ae\\\"}"
FILE_PATH = ""                                               # 输入文件路径


def buildHeader():
    curTime = str(int(time.time()))                          # 当前的时间
    # 拼接配置参数字符串
    param = "{\"result_level\":\""+RESULT_LEVEL+"\",\"auth_id\":\""+AUTH_ID+ \
            "\",\"data_type\":\""+DATA_TYPE+"\",\"sample_rate\":\""+SAMPLE_RATE+ \
            "\",\"scene\":\""+SCENE+"\",\"lat\":\""+LAT+"\",\"lng\":\""+LNG+"\"}"
    # 使用个性化参数时参数格式如下：
    # param = "{\"result_level\":\""+RESULT_LEVEL+"\",\"auth_id\":\""+AUTH_ID+ \
            "\",\"data_type\":\""+DATA_TYPE+"\",\"sample_rate\":\""+SAMPLE_RATE+ \
            "\",\"scene\":\""+SCENE+"\",\"lat\":\""+LAT+"\",\"lng\":\""+LNG+ \
            "\",\"pers_param\":\""+PERS_PARAM+"\"}"
    paramBase64 = base64.b64encode(param)                    # 对参数字符串进行 Base64 编码
    # 计算得到令牌
    m2 = hashlib.md5()
    m2.update(API_KEY + curTime + paramBase64)
    checkSum = m2.hexdigest()
    # 生成 Http 请求头
    header = {
        'X-CurTime': curTime,                                # 当前时间
        'X-Param': paramBase64,                              # 配置参数
        'X-Appid': APPID,                                    # 应用 APPID
        'X-CheckSum': checkSum,                              # 令牌
    }
    return header
```

2. 数据上传

数据上传的代码如下：

```
def readFile(filePath):                                      # 读文件函数
    binfile = open(filePath, 'rb')                           # 以读二进制文件的方式打开文件
    data = binfile.read()                                    # 读文件
    return data                                              # 返回数据
# 提交 Http POST 请求，上传数据
r = requests.post(URL, headers=buildHeader(), data=readFile(FILE_PATH))
```

3. 结果解析

平台收到 Http 请求后，首先通过请求头中的签名来识别用户并验证其合法性，如果请求合法，则会将结果以 JSON 字符串的形式返回给客户端，返回参数见表 6.3。

表 6.3　返回参数

JSON 字段	类型	说明
code	string	结果码
data	array	结果数据
desc	string	描述
sid	string	会话 ID

其中，data 字段说明见表 6.4。

表 6.4　data 字段参数

JSON 字段	类型	说明
sub	string	业务类型：iat（识别），nlp（语义），tpp（后处理），itrans（翻译）
text	object/string	识别结果：详细结果（object），精简结果（string）
intent	object	语义结果
content	object/string	后处理（string），翻译 (object)等结果
result_id	number	结果序号，同一业务逐渐递增

用于处理返回参数的代码如下：

```
print(r.content)                                                    # 打印处理结果
```

6.3.3　讯飞开放技能

1. 讯飞技能工作室

讯飞技能工作室是一套可视化的人机对话开发平台，是所有搭载了 iFLYOS 或 AIUI 的设备的大脑。通过讯飞技能工作室，开发者可以通过语音技能实现工具、游戏、影音、信息查询、教育、生活服务、出行、智能家居控制等。

语音技能是指智能硬件可以使用自然的语言交流提供服务的能力，类似于手机应用 APP 的概念，一个语音技能用于解决一类用户需求，例如天气查询：

用户：今天合肥天气怎么样？

系统：今天合肥多云，16 摄氏度。

用户：明天需要带伞吗？

系统：明天多云，不需要带伞。

以智能音箱为例，音箱可以拥有若干个技能，比如天气、音乐及星座。针对星座这个技能，存在幸运数字、幸运颜色和今日运势等查询意图。针对幸运数字这个查询意图又有若干种问法，例如：今天射手座的幸运数字，射手座今天的幸运数字是什么，这些问法被称为语料，技能相关概念见表6.5。

表 6.5　技能相关概念

概念	举例
设备/应用	小飞音箱，小飞机顶盒，手机 APP
技能	星座、天气、音乐
意图	幸运数字、幸运颜色
语料	今天射手座的幸运数字、射手座今天的幸运数字是什么

2. 垃圾分类技能应用

垃圾分类是讯飞 AIUI 平台一个已经开发好的开放技能，可用于垃圾分类相关的查询，查询方法示例如图6.5所示。

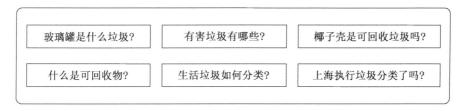

图 6.5　垃圾分类技能查询方法示例

垃圾分类技能包括的意图见表6.6，也就是说，我们可以通过垃圾分类技能查询例如某个垃圾所属类别、各个垃圾类别的定义等内容。

表 6.6　垃圾分类技能包括的意图

意图名	说明
BELONG_QUERY_DIALOG	查询某个垃圾所属类别
MEMORY_METHOD	简记口诀
BELONG_QUERY	查询某个垃圾所属类别
MEMORY_METHOD_DIALOG	简记口诀对话意图
CITY_QUERY	询问执行城市情况
KIND_QUERY	询问垃圾类别
KIND_DEFINITION_QUERY	询问各个垃圾类别的定义
NO_FOCUS_QUERY	无重点的查询
EXAMPLE_QUERY	四种类型垃圾举例

6.4 项目步骤

6.4.1 应用平台配置

我们首先需要在平台上创建应用，步骤见表 6.7。

❋ 垃圾分类项目步骤

表 6.7 垃圾分类应用创建步骤

序号	图片示例	操作步骤
1	讯飞开放平台 OPEN PLATFORM　🏠 平台首页　⚙ 我的应用　创建新应用	登陆讯飞开放平台控制台，点击【创建新应用】
2	* 应用名称　基于语义理解的垃圾分类　* 应用分类　应用-便捷生活-生活服务　* 应用功能描述　垃圾分类时的好帮手　提交　返回我的应用	进入创建应用引导页，应用名称填写"基于语义理解的垃圾分类"，应用分类及功能描述自由填写，填写完成后点击【提交】按钮，应用创建完毕
3	应用名称　APPID　基 基于语义理解的垃圾分类　5e24fe69　基 基于语音交互的同声传译　5df1e939　基 基于语音识别的智能听写　5df04b3b	点击"基于语义理解的垃圾分类"

6.4.2　系统环境配置

创建好垃圾分类应用之后，我们将为应用配置 AIUI 平台的开放技能，步骤见表 6.8。

表 6.8　开放技能配置步骤

序号	图片示例	操作步骤
1		在应用页面左下角，点击"其他"，点击右侧 AIUI 平台"服务管理"
2		点击"应用信息"，进入应用信息配置向导，输入应用名称"基于语义理解的垃圾分类"
3		点击"应用平台"右侧的文本框，选择"WebAPI"
4		点击【保存修改】

续表 6.8

序号	图片示例	操作步骤
5	* 应用名称　基于语义理解的垃圾分类 * 应用平台　WebAPI APPID　 API Key　9dff5cb754b2***22e　复制	找到 APPID 和 API Key 信息
6	← → ∨ ↑ 《 本地磁盘 (E:) › codes　∨ ↻ 名称　^　修改日期 📄 垃圾分类appid.txt　2020/3/24 17:08	在 E:\codes 文件夹新建一个文本文档"垃圾分类 appid.txt"，将 APPID 和 API Key 信息存储在文本文档中
7	‹ 返回列表　情景模式：　main 基于语义理解的垃… 应用 ⓘ 应用信息　　🔵 语义理解 　　设置语义理解，让你的应用快速听懂用户说的话。 ⚙ 应用配置 　　｜关键词过滤 开发　用户表述中可能包含唤醒词，此时会影响到语义理	点击"应用配置"，然后点亮"语义理解"
8	｜语义技能 为你的应用添加语义技能，技能优先级：自定义技能>自定义问答>设备 自定义技能 › 自定义问答 › 设备人设 › 商店技能 ＋ 添加商店技能	点击语义技能下的"商店技能"，点击"+添加商店技能"

续表 6.8

序号	图片示例	操作步骤
9	 添加商店技能 可以添加AIUI技能商店中的技能 垃圾分类 🗑 垃圾分类　　　　　✓ 　　有害垃圾有哪些 取消　　　确定	在搜索框输入"垃圾分类",按回车键,点击搜索出的技能"垃圾分类",点击【确定】按钮
10	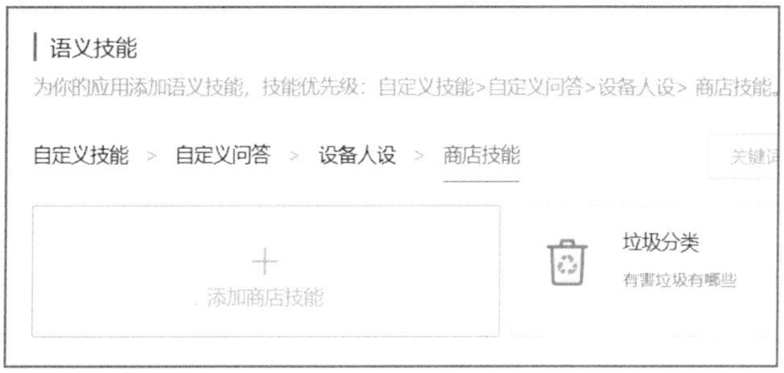 语义技能 为你的应用添加语义技能,技能优先级:自定义技能>自定义问答>设备人设>商店技能 自定义技能　>　自定义问答　>　设备人设　>　商店技能　　　　关键词 　　　　＋ 　添加商店技能　　　　🗑 垃圾分类 　　　　　　　　　　　有害垃圾有哪些	添加"垃圾分类"技能完成后界面如图所示
11	 ⚫ 兜底设置 当所有语义技能均无法响应用户表述时,以下兜底将会按照你设置的优先级进行响应。使用兜底设置前,请先开通语义理解。 ≡ 讯飞闲聊(iFlytekQA)　　　　　⚙ ⚫ ≡ 图灵机器人(Turing) ≡ 讯飞视频搜索(iFlytekVideoSearch) 　无回复兜底(LastGuard)	点亮"兜底设置",点亮"讯飞闲聊(iFlytekQA)",最后点击页面右上方【保存修改】按钮
12	 应用 ⓘ 应用信息　　　　　ApiKey ⚙ 应用配置　　　　　时间戳 开发　　　　　　　　数据类型 <-> 开发工具 　　　　　　　　　　测试文本 ☑- IP白名单	点击"开发工具"

173

续表 6.8

序号	图片示例	操作步骤
13	**接口调试** 情景模式　　main authId　　■■■■■■■■■■	找到 authID 信息，复制并粘贴到在 E:\codes\垃圾分类 appid.txt 文件中
14	时间戳　　当前UTC时间戳（单位:s） 数据类型　　文本 测试文本　　塑料瓶是什么垃圾 开始测试	在测试文本处输入"塑料瓶是什么垃圾"，点击【开始测试】按钮

15	返回
	请求结果：success
	
	自定义菜单：WebAPI 接口/V2/文本
	请求地址：http://openapi.xfyun.cn/v2/aiui
	返回结果：
	  {
	    "data": [
	      {
	        "sub": "nlp",
	        "auth_id": "0851c004f0ef75b1cb9be0a6b7a46df7",
	        "intent": [
	          "answer": [
	            "text": "塑料瓶是可回收物",
	            "type": "T"
		收到返回结果，代表技能配置成功

续表 6.8

序号	图片示例	操作步骤
16	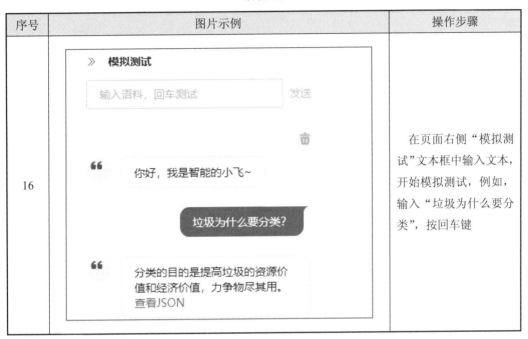	在页面右侧"模拟测试"文本框中输入文本，开始模拟测试，例如，输入"垃圾为什么要分类"，按回车键

6.4.3　关联模块设计

本项目共包含三个程序模块，分别为录音模块、垃圾分类技能接口模块，以及语音合成模块，其中，录音模块以及语音合成模块我们已经在同声传译项目中实现，本节我们将实现垃圾分类技能接口模块。

打开 IDLE，创建空白程序文件，命名为 Webaiui.py，保存在 E:\codes 文件夹中。垃圾分类技能接口模块程序编写分为四个步骤，分别为初始化、生成请求头、读音频文件和发送 Http POST 请求。

1. STEP1：初始化

```
import requests                                          # 导入 Http 请求模块
import time                                              # 导入时间模块
import hashlib                                           # 导入哈希算法模块
import base64                                            # 导入 base64 编码模块
import json                                              # 导入 JSON 模块
URL = "http://openapi.xfyun.cn/v2/aiui"                  # AIUI WebAPI 接口地址
APPID = "XXXXXXXX"                                       # 见 E:\codes\垃圾分类 appid.txt
API_KEY = "XXXXXXXXXXXXXXXXXXXXXXXXXXXXXXXX"            # 见 E:\codes\垃圾分类 appid.txt
AUE = "raw"                                              # 音频编码为 raw
AUTH_ID = "XXXXXXXXXXXXXXXXXXXXXXXXXXXXXXXX"            # 见 E:\codes\垃圾分类 appid.txt
DATA_TYPE = "audio"                                      # 数据类型为音频
```

```
SAMPLE_RATE = "16000"                              # 音频采样率为 16 000 次/s
SCENE = "main_box"                                 # 情景模式为生产环境:main_box
RESULT_LEVEL = "complete"                          # 结果级别为完整
```

2. STEP2：生成请求头

```
def buildHeader():                                 # 生成 Http 请求头
  curTime = str(int(time.time()))                  # 当前的时间
  # 拼接配置参数字符串
  param = "{\"result_level\":\""+RESULT_LEVEL+"\",\"auth_id\":\""+AUTH_ID+ \
          "\",\"data_type\":\""+DATA_TYPE+"\",\"sample_rate\":\""+SAMPLE_RATE+ \
          "\",\"scene\":\""+SCENE+"\"}"
  # 对参数字符串进行 Base64 编码
  paramBase64 = base64.b64encode(param.encode('utf-8')).decode(encoding='utf-8')
  # 计算得到令牌
  m2 = hashlib.md5()
  m2.update((API_KEY + curTime + paramBase64).encode('utf-8'))
  checkSum = m2.hexdigest()
  # 生成 Http 请求头
  header = {
    'X-CurTime': curTime,                          # 当前时间
    'X-Param': paramBase64,                        # 配置参数
    'X-Appid': APPID,                              # 应用 APPID
    'X-CheckSum': checkSum,                        # 令牌
  }
  return header
```

3. STEP3：读音频文件

```
def readFile(filePath):                            # 读文件函数
  binfile = open(filePath, 'rb')                   # 以读二进制文件的方式打开文件
  data = binfile.read()                            # 读文件
  return data                                      # 返回数据
```

4. STEP4：发送 Http POST 请求

```
def requestHttp(filePath):                         # AIUI WebAPI 接口函数
  # 提交 Http POST 请求，上传数据
  r = requests.post(URL, headers=buildHeader(),data=readFile(filePath))
  return r
```

6.4.4　主体程序设计

主体程序可实现垃圾分类语音查询的功能，用户通过语音提问，程序将包含提问的音频文件通过 Http 请求上传到 AIUI 平台，平台根据垃圾分类技能的回复返回结果，最后将结果通过语音合成，回答用户的提问。打开 IDLE，创建一个空白程序文件，命名为 aiRecycle.py，并保存在 E:\codes 文件夹中，在程序文件中输入以下代码：

```python
import recordAudio                                # 导入录音模块
import voiceSyn                                   # 导入语音合成模块
import playAudio                                  # 音频播放模块
import msvcrt                                     # 导入 msvcrt 模块
import requests                                   # 导入 Http 请求模块
import Webaiui                                    # 导入 AIUI 平台 WebApi 接口模块
import json                                       # 导入 JSON 字符串处理模块


print('关于垃圾分类你想知道的都在这里')
print('--------------------------------------')
audioFile = 'E:\\audio\\test.wav'                # 录制的音频文件路径
synFile = "E:\\audio\\test_answer.pcm"           # 合成语音文件的路径
while True:
    # 录制一段音频
    print('请向我提问,问完后按任意键结束提问...')
    recordAudio.record(audioFile)                # 调用函数录制音频
    pcmfile = recordAudio.wav_to_pcm(audioFile)  # 调用格式转换函数
    # 发送 Http POST 请求
    r = Webaiui.requestHttp(pcmfile)             # 调用 AIUI WebApi 接口函数
    # 处理返回参数
    response = json.loads(r.content)             # 将返回参数转成 python 数据结构
    data = response["data"]                      # 提取返回参数中的 data 字段
    for i in data:                               # 遍历列表
        if i["sub"] == "nlp":                    # 如果业务类型为语义
            if i["intent"]:                      # 如果意图不为空
                question = i["intent"]["text"]   # 提取问题文本
                answer = i["intent"]["answer"]["text"]   # 提取回答文本
    print('问:%s'% question)
    print('答:%s'% answer)
    # 语音合成
    print('正在进行语音合成...')
```

```
client=voiceSyn.myClientSyn()                          # 语音合成接口类实例化
client.voice_syn(answer,synFile)                       # 向语音合成服务端发送请求
# 播放合成语音
synFile_wav = playAudio.pcm_to_wav(synFile)            # .pcm 格式转.wav 格式
playAudio.play(synFile_wav)
# 询问问答是否要继续
next = input('还要继续向我提问吗？Y/N：')
if next.upper()=='N':                                  # 如果用户不想提问了
    print('再见，欢迎下次再来提问！')                      # 输出结束语句
    break                                              # 跳出循环
```

在以上代码中，while 循环语句中的代码实现了垃圾分类问答功能，一次问答完成后，用户可以通过输入字母 Y 继续提问，或者输入字母 N 结束程序。response = json.loads(r.content)之后的语句实现了打印问题文本和回答文本的功能。

6.4.5 模块程序调试

垃圾分类技能接口模块的调试主要分为两个步骤：

（1）录制一段提问音频。

（2）将音频通过技能接口模块上传，解析返回的结果参数。

1. STEP1：录制提问音频

在系统命令行中输入 python E:\codes\recordAudio.py，提问"塑料瓶是什么垃圾"，按任意键结束录音，格式转换后的音频文件保存在 E:\audio\test.pcm，如图 6.6 所示。

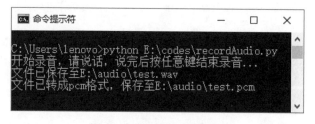

图 6.6　录制提问音频文件

2. STEP2：音频文件上传，解析返回参数

打开 E:\codes\Webaiui.py，在文件的最后添加以下代码：

```
if __name__ == "__main__":
    audioFile = 'E:\\audio\\test.pcm'                  # 音频文件保存路径
    r = requestHttp(audioFile)                         # 上传音频文件
    # 处理返回参数
```

```
response = json.loads(r.content)              # 将返回参数转成 python 数据结构
# print(json.dumps(response,indent=3))        # 调试，打印完整的返回结果
data = response["data"]                        # 提取返回参数中的 data 字段
for i in data:                                 # 遍历列表
    if i["sub"] == "nlp":                      # 自然语言处理
        if i["intent"]:                        # 如果意图不为空
            question = i["intent"]["text"]     # 提取问题文本
            answer = i["intent"]["answer"]["text"]  # 提取回答文本
print('问:%s'% question)
print('答:%s'% answer)
```

在系统命令行中输入 python E:\codes\Webaiui.py，按回车键，运行结果如图 6.7 所示。我们的问题是"塑料瓶是什么垃圾"，返回的答案是"这是可回收物"（可能是类似的回答，不一定是与图 6.7 完全相同的回答）。读者如果想要查看完整的返回结果，可以去掉 # print(json.dumps(response,indent=3)) 前面的注释。

```
C:\Users\user3>python D:\Appsocial\code\Webaiui.py
问:塑料瓶是什么垃圾
答:这是可回收物
```

图 6.7　垃圾分类技能接口模块调试结果

6.4.6　项目总体运行

打开系统命令行，输入 python E:\codes\aiRecycle.py，按回车键，向程序提问"塑料瓶是什么垃圾"，语音回答"可回收物"，输入 N，结束提问，如图 6.8 所示。

图 6.8　项目总体运行

6.5 项目验证

设计如下 5 个问题，运行 E:\codes\ aiRecycle.py 程序。

（1）苏州执行垃圾分类了吗？

（2）生活垃圾分为哪几类？

（3）有害垃圾有哪些？

（4）玻璃瓶是可回收物吗？

（5）吃剩的骨头是什么垃圾？

程序运行结果如图 6.9 所示，可以看到这几个问题都被有效地解答了。

图 6.9　项目验证

6.6 项目总结

6.6.1 项目评价

项目评价表见表 6.9。

表 6.9 项目评价表

	项目指标	分值	自评	互评	评分说明
项目分析	1. 项目架构分析	6			
	2. 项目流程分析	6			
项目要点	1. 语义理解基础	6			
	2. 讯飞 AIUI 平台服务接口	6			
	3. 垃圾分类开放技能	6			
项目步骤	1. 应用平台配置	10			
	2. 系统环境配置	10			
	3. 关联模块设计	10			
	4. 主体程序设计	10			
	5. 模块程序调试	10			
	6. 项目总体运行	10			
项目验证	验证结果	10			
合计		100			

6. 6. 2 项目拓展

（1）在本项目中，用户可以通过语音查询垃圾分类的相关知识，即应用的输入和输出都是语音。请尝试修改代码 Webaiui.py，使用户可以通过文本进行查询，即用户在命令行中输入查询文本，应用将查询结果以文本的形式打印输出。提示：可参考 6.3.2 节讯飞 AIUI 平台服务接口使用说明，以及接口调用示例代码 WebaiuiDemo.py。

（2）在 AIUI 平台技能商店找到天气技能，尝试创建一个天气查询智能问答项目，用户可以通过语音查询世界各地主要城市的天气，也可以查询兴趣点，如雨、雪、风，以及空气质量、湿度、穿衣指数等。

第 7 章　基于知识图谱的智能问答项目

7.1　项目目的

✳　智能问答项目目的

7.1.1　项目背景

智能问答是信息服务的一种高级形式，能够让计算机自动回答用户所提出的问题。不同于现有的搜索引擎，智能问答系统返回用户的不是基于关键词匹配的相关链接，而是精准的自然语言形式的答案。智能问答系统被看作是未来信息服务的颠覆性技术之一，被认为是机器具备语言理解能力的主要验证手段之一。

在智能问答任务中，不同类型的问题通常需要基于不同类型的问答知识库生成答案。使用知识图谱作为问答知识库，问题的答案可以来自知识图谱的实体集合，也可以是基于知识图谱推理出来的内容，能够实现知识的智能问答。智能问答的应用领域非常广泛，包括智能家居产品、智能手机助手、智能问诊、智能金融投顾等。

7.1.2　项目需求

本项目为基于知识图谱的智能问答项目，请设计实现一个关于机器人技术的知识问答系统，通过该系统，用户可以提出关于机器人技术的问题，并获得系统的自动回答。本项目具体需求如图 7.1 所示。

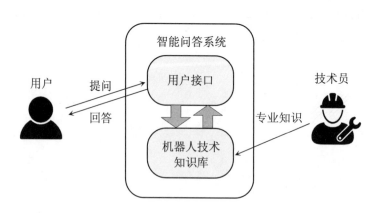

图 7.1　智能问答项目需求

7.1.3　项目目的

（1）掌握知识图谱的基本概念。

（2）掌握构建专业知识库的基本方法。

（3）掌握智能问答系统的设计和实现方法。

7.2　项目分析

7.2.1　项目构架

本项目为基于知识图谱的智能问答项目，需要通过知识库模块、用户接口模块来实现关于机器人技术的知识智能问答功能。其中，构建知识库模型的流程如图 7.2 所示，实现用户接口模块的流程如图 7.3 所示。

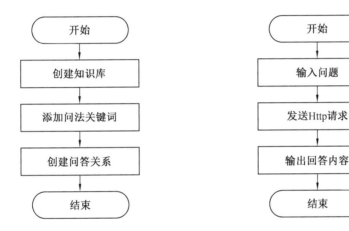

图 7.2　构建知识库模型的流程　　　　图 7.3　用户接口模块的流程

7.2.2　项目流程

本项目的实施流程如图 7.4 所示。

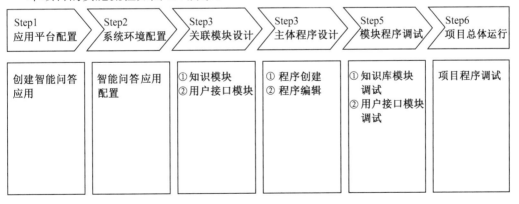

图 7.4　项目流程

7.3 项目要点

※ 智能问答项目要点

7.3.1 知识图谱

1. 定义和分类

知识图谱是一种结构化的语义知识库，它以结构化的形式描述客观世界中的概念、实体及其之间的关系，将信息表达成更接近人类认知世界的形式，提供了一种更好地组织、管理和理解海量信息的能力。

知识图谱的分类方式很多，例如可以通过知识种类、构建方法等划分。从领域上来说，知识图谱通常分为两种：通用知识图谱和特定领域知识图谱。

（1）通用知识图谱可以形象地看成一个面向通用领域的"结构化的百科知识库"，其中包含了大量的现实世界中的常识性知识，覆盖面较广。通用知识图谱主要应用于面向互联网的搜索、推荐、问答等业务场景，例如在线百科就是一个通用的知识图谱。

（2）特定领域知识图谱通常用于辅助各种复杂的分析应用或决策支持，行业知识图谱在很多领域有广泛应用，包括医疗健康、教育、电商、金融等。

2. 组成

知识图谱主要由两个部分组成，分别为实体和关系。

（1）实体。

实体指的是具有可区别性且独立存在的某种事物，是现实世界中的事物，例如人、地名、概念、药物、公司等。实体是知识图谱中的最基本元素，不同的实体间存在不同的关系。图 7.5 为知识图谱的一个例子。

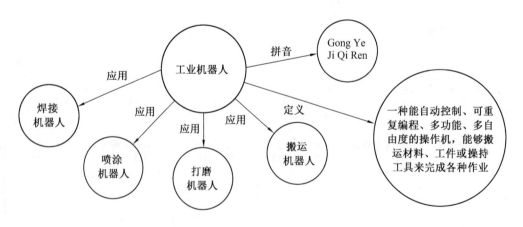

图 7.5 知识图谱示例

（2）关系。

在知识图谱中，用关系来表达图里的"边"。关系用来表达不同实体之间的某种联系，例如在图 7.5 中，工业机器人的"拼音"是 Gong Ye Ji Qi Ren。

通俗地讲，知识图谱就是把所有不同种类的信息连接在一起而得到的一个关系网络，提供了从"关系"的角度去分析问题的能力。

7.3.2　知识库技能

本项目使用了讯飞 AIUI 平台的知识库技能，以下对知识库技能做简要介绍。

1. 知识信息

知识库技能由问法关键字、问答关系和回复语三个要素组成。例如：

问：机器人的英文翻译是什么？

答：robot。

其中，问法关键字是"机器人"，问答关系是"英文翻译"；回复语是"robot"。

2. 关键字别名

问法关键字和关系关键字可能有其他表示相同意思的别名。开发者可在问法关键字别名和关系关键字别名中尽可能多地添加别名信息，提升知识库在实际使用中的用户体验。

例如，问"用途"，则别名会有"作用""功效""用处"等。

3. 编辑知识库

编辑知识库分为四个主要步骤，分别为创建知识库、编辑问法关键字、创建问答关系及编辑回复语。

（1）创建知识库。

在创建知识库前，需要明确该知识库面向的领域和使用人群，解决用户知识问答的实际需求。

（2）编辑问法关键字。

在知识库内，点击"查看问法关键字"，可以编辑问法关键字和问法关键字别名。问法关键字别名尽可能覆盖可能的说法。

（3）创建问答关系。

在知识库编辑中创建问答关系，输入关系名称、关系关键字和别名，别名尽可能多地列举。

（4）编辑回复语。

在问答关系下编辑问法与答案，使用"{}"来引用"问答关键字"、"关系关键字"和"回复语"。例如：

问法：{问法关键字}的{关系关键字}是什么？

答案：是{回复语}。

7.4 项目步骤

※ 智能问答项目步骤

7.4.1 应用平台配置

我们首先需要在平台上创建应用，步骤见表 7.1。

表 7.1 智能问答应用创建步骤

序号	图片示例	操作步骤
1	* 应用名称 基于知识图谱的智能问答 * 应用分类 应用-教育学习-专业知识 * 应用功能描述 一个关于机器人技术的知识问答应用 提交　　返回我的应用	登陆讯飞开放平台控制台，点击"创建新应用"，进入创建应用引导页，应用名称填写"基于知识图谱的智能问答"，应用分类选择"教育学习"→"专业知识"，功能描述填写"一个关于机器人技术的知识问答应用"，填写完成后点击【提交】按钮，应用创建完毕
3	⚙ 我的应用　　创建新应用 应用名称 基 基于知识图谱的智能问答	点击"基于知识图谱的智能问答"

7.4.2 系统环境配置

创建好智能问答应用之后，我们将为应用配置 AIUI 服务参数，步骤见表 7.2。

表 7.2　AIUI 服务参数配置步骤

序号	图片示例	操作步骤
1		在基于知识图谱的智能问答应用页面左下角，点击"其他"，点击右侧 AIUI 平台"服务管理"
2		点击"应用信息"，进入应用信息配置向导
3		点击"应用平台"右侧的文本框，选择"WebAPI"，点击【保存修改】
4		新建 E:\codes\智能问答 appid.txt 文档，将 APPID 和 API Key 的内容复制到文档中

续表 7.2

序号	图片示例	操作步骤
5	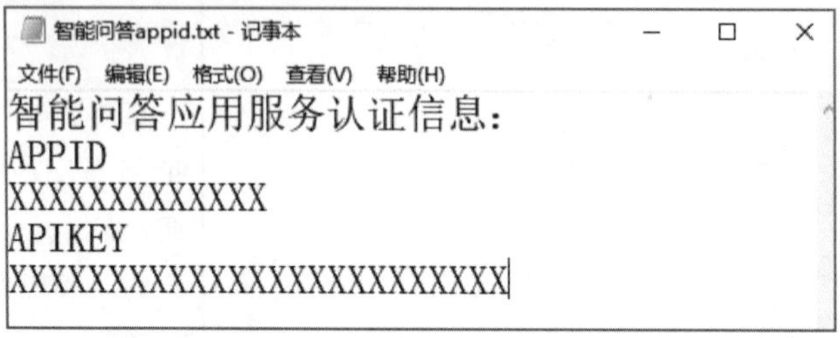	E:\codes\ 智能问答 appid.txt 文档内容如图所示（请用复制的字符串替换相应内容）
6		点击【应用配置】，然后点亮【语义理解】
7	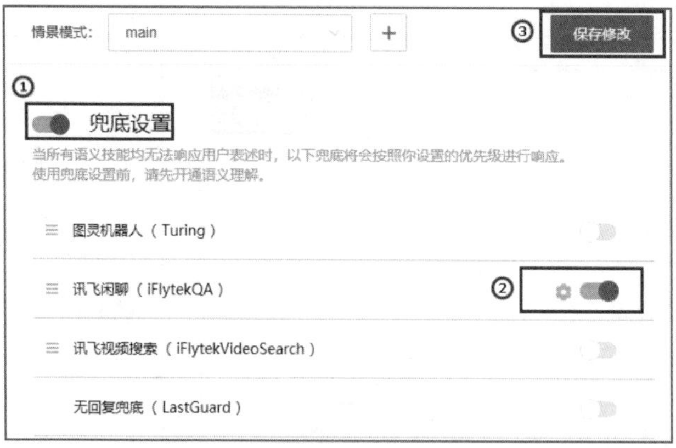	点亮【兜底设置】，点亮【讯飞闲聊（iFlytekQA）】，点击【保存修改】按钮
8	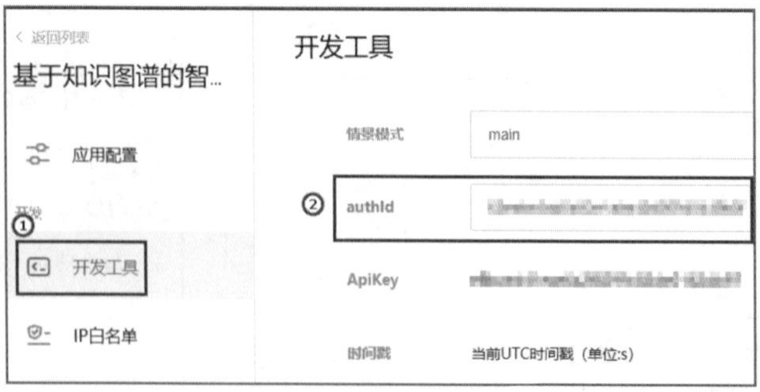	点击【开发工具】，将 authid 的内容复制到 E:\codes\ 智能问答 appid.txt 文档中

续表 7.2

序号	图片示例	操作步骤
9	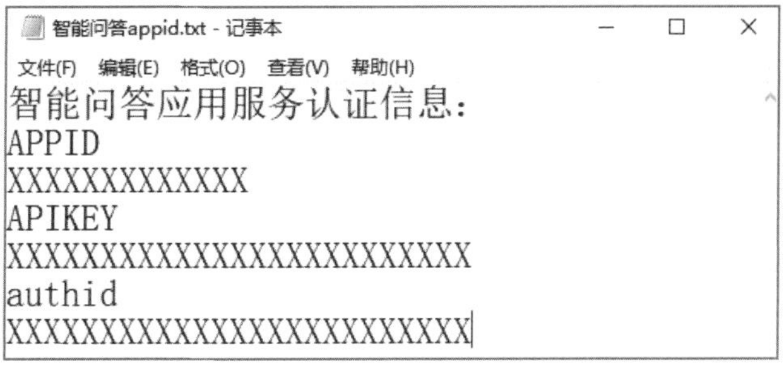 智能问答appid.txt - 记事本 — □ × 文件(F) 编辑(E) 格式(O) 查看(V) 帮助(H) 智能问答应用服务认证信息： APPID XXXXXXXXXXXXX APIKEY XXXXXXXXXXXXXXXXXXXXXXXX authid XXXXXXXXXXXXXXXXXXXXXXXXX	E:\codes\ 智 能 问 答 appid.txt 文档内容如图所示（请用复制的字符串替换相应内容）
10	 开发工具 时间戳　　当前UTC时间戳（单位:s） 数据类型　　文本 测试文本　　北京今天的天气 开始测试	点击【开始测试】
11	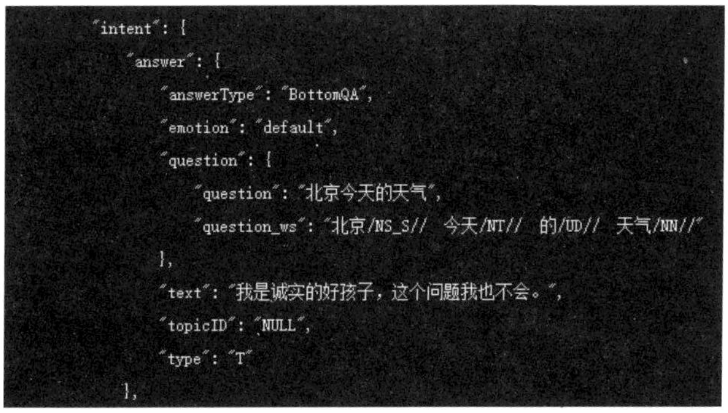 ```"intent": {"answer": {"answerType": "BottomQA","emotion": "default","question": {"question": "北京今天的天气","question_ws": "北京/NS_S// 今天/NT// 的/UD// 天气/NN//"},"text": "我是诚实的好孩子,这个问题我也不会。","topicID": "NULL","type": "T"},```	查看返回结果，找到系统的回答"我是诚实的好孩子，这个问题我也不会"（也可能是其他回答），表示配置成功

189

7.4.3 关联模块设计

本项目包含两个模块，分别为知识库模块和用户接口模块，本节我们将创建一个包含了机器人知识的知识库模块。创建一个知识库主要分为三个步骤，分别为创建知识库、编辑问法关键字，以及创建问答关系。

STEP1：创建知识库

表 7.3 创建知识库步骤

序号	图片示例	操作步骤
1	AIUI 开放平台　我的应用　我的技能　技能商店　文档中心 〈 返回列表 基于知识图谱的智…　开发工具 应用　时间戳　当前UTC时间戳（ ⓘ 应用信息　数据类型　文本 ⚙ 应用配置　测试文本　北京今天的天气	在 AIUI 开放平台最上方点击"我的技能"
2	**AIUI技能平台搬家啦** AIUI的技能平台已迁至iFLYOS主站，并更名为「技能工作室」，请点击下方按钮访问新地址 进入技能控制台	点击【进入技能控制台】
3	**技能控制台** 我的技能　我的实体　我的辅助词　设备人设　我的问答库	点击"我的问答库"
4	我的技能　　　我的实体 ＋创建问答库　＋创建知识库	在技能控制台中，点击【+创建知识库】
5	创建知识库　　　✕ ＊知识库名称 机器人知识 创建	在知识库名称文本框中输入"机器人知识"，点击【创建】按钮，完成知识库创建

STEP2：编辑问法关键字

表 7.4　编辑问法关键字步骤

序号	图片示例	操作步骤
1	**⊙ 机器人知识 ▼**　　　**＋ 创建问答关系**　批量操作 ▼　查看问法关键词　　＃　　问答关系 ❔	点击"查看问法关键词"
2	**⊙ 机器人知识 ▼**　　**＋ 添加问法关键字**　批量操作 ▼　　问法关键字	点击【+添加问法关键字】
3	**⊙ 机器人知识 ▼**　　**＋ 添加问法关键字**　批量操作 ▼　　问法关键字　　机器人	在问法关键字下输入"机器人"，按回车键添加关键字
4	**＋ 添加问法关键字**　批量操作 ▼　　问法关键字　　工业机器人　　机器人	点击【+添加问法关键字】，输入"工业机器人"，按回车键添加关键字

191

续表 7.4

序号	图片示例	操作步骤
5	问法关键字　　　　　　　　　　　　　　问法关键字别名 特种机器人 公共服务机器人 个人家用服务机器人 服务机器人 工业机器人 机器人	按照以上方法依次添加问法关键字"服务机器人""个人家用服务机器人""公共服务机器人",以及"特种机器人"
6	机器人知识 ▼ ＋添加问法关键字　　批量操作 ▼ 问法关键字 特种机器人	点击"机器人知识"之前的" ⓒ "符号,返回知识库主界面

STEP3:创建问答关系

　　在这个知识库中,我们将创建四个问答关系,分别为定义、分类、组成及应用。也就是说我们可以就这四类关系向系统提问,如"工业机器人的定义是什么?""机器人分为哪几类?""特种机器人应用在哪些领域?"。下面我们首先介绍创建"定义"问答关系的步骤,见表 7.5。"定义"问答关系的回复语,见表 7.6。

表 7.5　创建"定义"问答关系步骤

序号	图片示例	操作步骤
1	 ⊘ **机器人知识** ▾　　　**＋ 创建问答关系**　　批量操作 ▾　　查看问法关键词　　＃　　问答关系 ❓	点击【＋创建问答关系】
2	 ∨ **基本信息**　关系名称 ❓ 定义　关系关键字 ❓ 定义　关系别名 ❓ **含义** × **内涵** × ＋　保存　取消	在关系名称中输入"定义",关系关键字中输入"定义",关系别名输入"含义""内涵",点击【保存】按钮
3	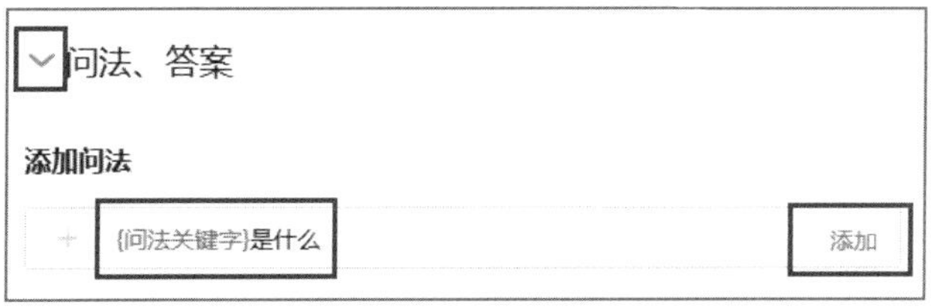 ∨ 问法、答案　**添加问法**　＋ {问法关键字}是什么　　添加	点击展开"问法、答案",添加问法"{问法关键字}是什么",点击【添加】
4	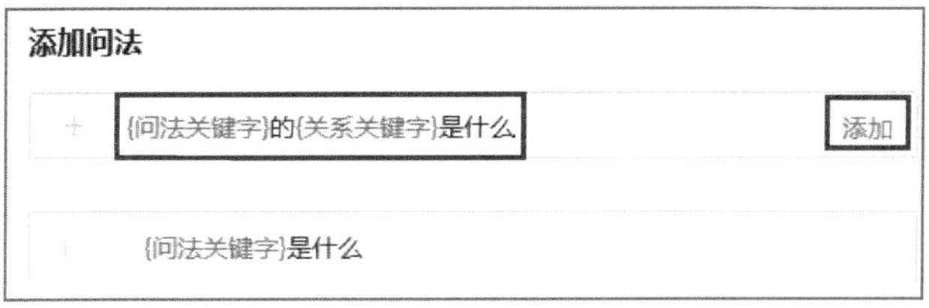 **添加问法**　＋ {问法关键字}的{关系关键字}是什么　　添加　　{问法关键字}是什么	添加问法"{问法关键字}的{关系关键字}是什么",点击【添加】

193

续表 7.5

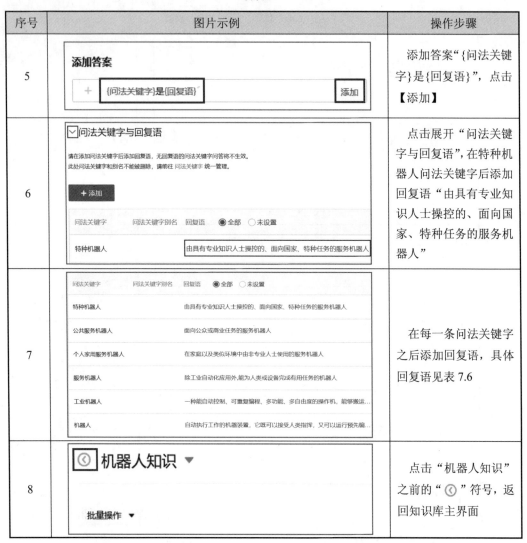

序号	图片示例	操作步骤
5		添加答案"{问法关键字}是{回复语}",点击【添加】
6		点击展开"问法关键字与回复语",在特种机器人问法关键字后添加回复语"由具有专业知识人士操控的、面向国家、特种任务的服务机器人"
7		在每一条问法关键字之后添加回复语,具体回复语见表7.6
8		点击"机器人知识"之前的"⊙"符号,返回知识库主界面

表 7.6　"定义"问答关系的回复语

问法关键字	回复语
特种机器人	由具有专业知识人士操控的、面向国家、特种任务的服务机器人
公共服务机器人	面向公众或商业任务的服务机器人
个人家用服务机器人	在家庭及类似环境中由非专业人士使用的服务机器人
服务机器人	除工业自动化应用外,能为人类或设备完成有用任务的机器人
工业机器人	一种能自动控制、可重复编程、多功能、多自由度的操作机,能够搬运材料、工件或操持工具来完成各种作业
机器人	自动执行工作的机器装置,它既可以接受人类指挥,又可以运行预先编排的程序,也可以根据以人工智能技术制定的原则纲领行动

创建"分类"问答关系的步骤，见表 7.7。

表 7.7　创建"分类"问答关系步骤

序号	图片示例	操作步骤
1	 **+ 创建问答关系**　　批量操作 ▼　　查看问法关键词 #　　　问答关系 ❓ 1　　　**定义**	点击【+创建问答关系】
2	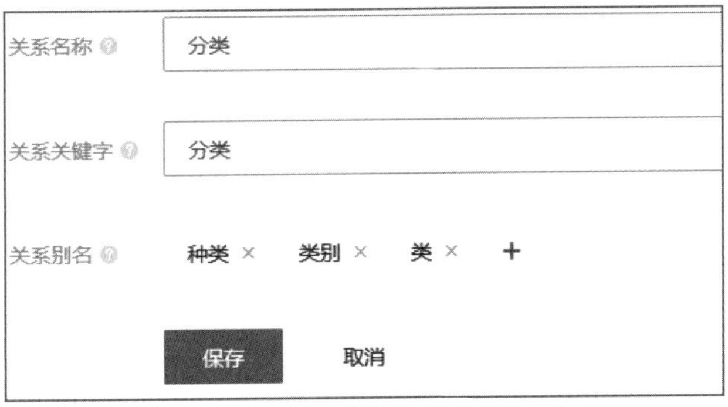 关系名称 ❓　　分类 关系关键字 ❓　　分类 关系别名 ❓　　种类 ×　类别 ×　类 ×　+ **保存**　　取消	在关系名称中输入"分类"，关系关键字中输入"分类"，关系别名输入"种类""类别""类"，点击【保存】按钮
3	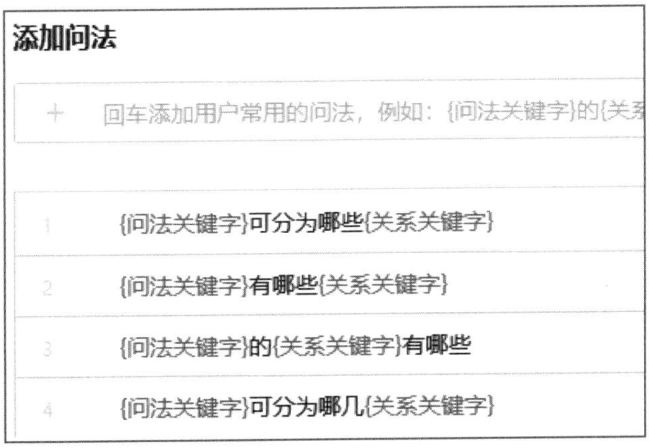 **添加问法** +　回车添加用户常用的问法，例如：{问法关键字}的{关系 1　{问法关键字}**可分为哪些**{关系关键字} 2　{问法关键字}**有哪些**{关系关键字} 3　{问法关键字}**的**{关系关键字}**有哪些** 4　{问法关键字}**可分为哪几**{关系关键字}	添加问法
4	 **添加答案** +　{问法关键字}可分为{回复语}	添加答案

195

续表 7.7

序号	图片示例	操作步骤
5	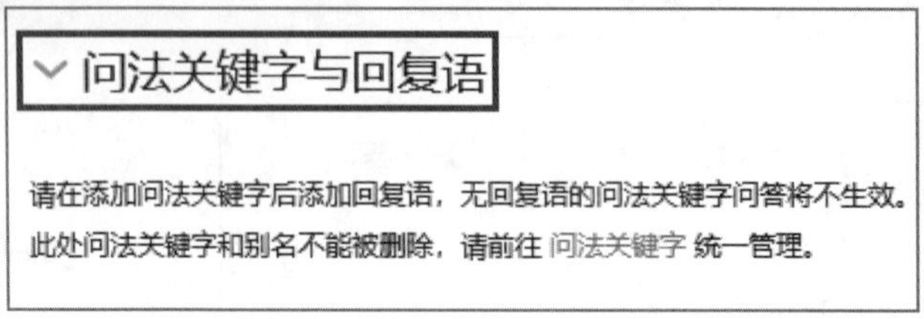 **∨ 问法关键字与回复语** 请在添加问法关键字后添加回复语，无回复语的问法关键字问答将不生效。此处问法关键字和别名不能被删除，请前往 问法关键字 统一管理。	点击展开【问法关键字与回复语】
6	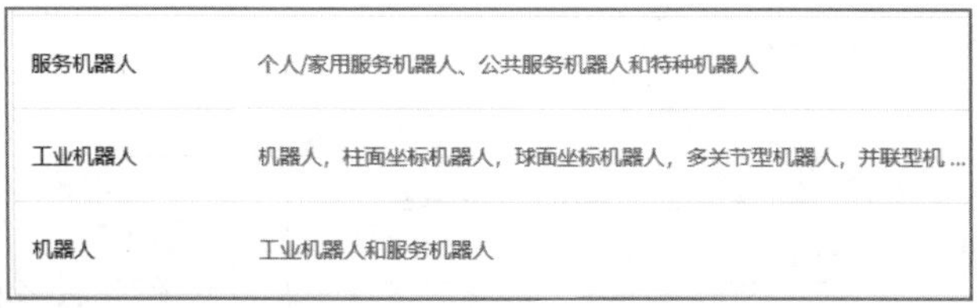 服务机器人　　个人/家用服务机器人、公共服务机器人和特种机器人 工业机器人　　机器人，柱面坐标机器人，球面坐标机器人，多关节型机器人，并联型机… 机器人　　　　工业机器人和服务机器人	在"服务机器人""工业机器人""机器人"之后添加回复语，具体回复语见表7.8
7	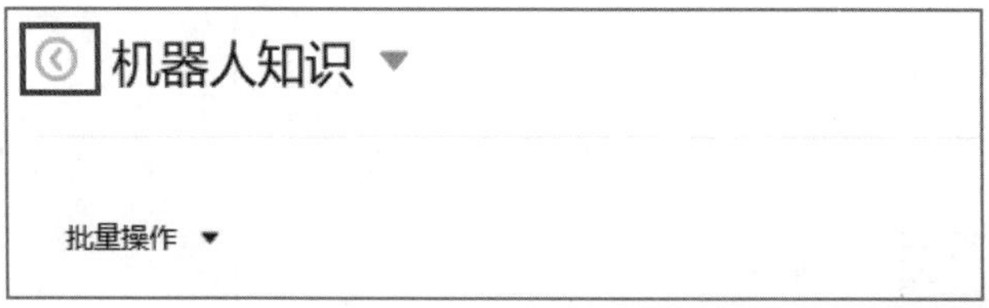 ⊙ **机器人知识** ▼ 批量操作 ▼	点击【机器人知识】之前的 ⊙ 符号，返回知识库主界面

表 7.8　"分类"问答关系的回复语

问法关键字	回复语
服务机器人	个人/家用服务机器人、公共服务机器人和特种机器人
工业机器人	按照结构运动形式分类，分为直角坐标机器人、柱面坐标机器人、球面坐标机器人、多关节型机器人和并联型机器人
机器人	工业机器人和服务机器人

创建"组成"问答关系的步骤，见表 7.9。

表 7.9　创建"组成"问答关系步骤

序号	图片示例	操作步骤
1	机器人知识 ▼　　+ 创建问答关系　批量操作 ▼　查看问法关键词	点击【+创建问答关系】
2	关系名称 ⑦　组成　　关系关键字 ⑦　组成　　关系别名 ⑦　+　　保存　取消	在关系名称中输入"组成",关系关键字中输入"组成",点击【保存】按钮
3	添加问法　　+ 回车添加用户常用的问法,例如:{问法关键字}的……　　1 {问法关键字}的{关系关键字}包括哪些部分　　2 {问法关键字}由哪几个部分{关系关键字}　　添加答案　　+ 回车添加用户常见的回复,回复:是{回复语}　　1 {问法关键字}的{关系关键字}包括{回复语}	添加问法和答案

续表 7.9

序号	图片示例	操作步骤
4	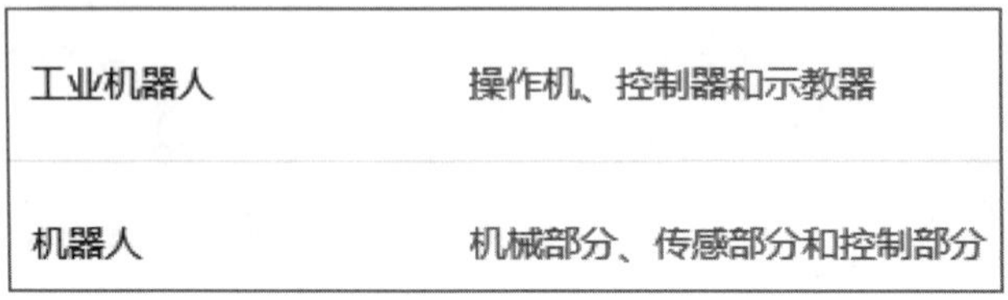 工业机器人　　　　　　　操作机、控制器和示教器 机器人　　　　　　　　机械部分、传感部分和控制部分	在"问法关键字与回复语"中,在"工业机器人"之后添加回复语"操作机、控制器和示教器",在"机器人"之后添加回复语"机械部分、传感部分和控制部分"
5	 ◎ 机器人知识 ▼ 批量操作 ▼	点击"机器人知识"之前的"◎"符号,返回知识库主界面

创建"应用"问答关系的步骤,见表 7.10。

表 7.10　创建"应用"问答关系步骤

序号	图片示例	操作步骤
1	 ◎ 机器人知识 ▼ ＋ 创建问答关系　　批量操作 ▼　　查看问法关键词	点击【+创建问答关系】
2	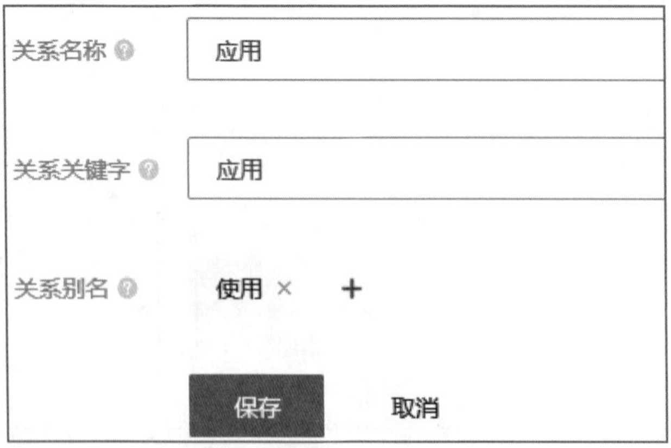 关系名称 ⑦　　应用 关系关键字 ⑦　　应用 关系别名 ⑦　　使用 ×　　＋ 保存　　取消	在关系名称中输入"应用",关系关键字中输入"应用",关系别名输入"使用",点击【保存】按钮

续表 7.10

序号	图片示例	操作步骤
3	**添加问法** ＋　回车添加用户常用的问法，例如：{问法关键字}的{关系 1　{问法关键字}的{关系关键字}有哪些 2　{问法关键字}有哪些{关系关键字} 3　{问法关键字}的{关系关键字}场合有哪些 **添加答案** ＋　回车添加用户常见的回复，回复：是{回复语} 1　{问法关键字}的{关系关键字}有{回复语}	添加问法和答案
4	特种机器人　　探测机器人、农场作业机器人、排爆机器人、管道检测机器人、消防机器… 公共服务机器人　人、餐厅服务机器人、酒店服务机器人、银行服务机器人、场馆服务机器… 个人家用服务机器人　政、教育娱乐、养老助残、家务机器人、个人运输、安防监控等类型的机… 服务机器人　　主要从事维护保养、修理、运输、清洗、保安、救援、监护等工作 工业机器人　　搬运、焊接、装配、喷涂、打磨 机器人　　　　业、资源勘探开发、救灾排险、医疗服务、家庭娱乐、军事和航天等其他领域	在"问法关键字与回复语"中添加回复语，具体回复语见表 7.11
5	◎ 机器人知识 ▼ 批量操作 ▼	点击"机器人知识"之前的"◎"符号，返回知识库主界面

表 7.11 "应用"问答关系的回复语

问法关键字	回复语
特种机器人	国防/军事机器人、搜救救援机器人、医用机器人、水下作业机器人、空间探测机器人、农场作业机器人、排爆机器人、管道检测机器人、消防机器人等
公共服务机器人	迎宾机器人、餐厅服务机器人、酒店服务机器人、银行服务机器人、场馆服务机器人等
个人家用服务机器人	家政、教育娱乐、养老助残、家务机器人、个人运输、安防监控等类型的机器人
服务机器人	主要从事维护保养、修理、运输、清洗、保安、救援、监护等工作
工业机器人	搬运、焊接、装配、喷涂，打磨
机器人	制造业、资源勘探开发、救灾排险、医疗服务、家庭娱乐、军事和航天等领域

7.4.4 主体程序设计

主体程序可实现机器人知识智能问答的功能，用户输入问题，程序将问题文本数据通过 Http 请求上传到 AIUI 平台，平台根据机器人知识库的回复语返回结果，回答用户的提问。打开 IDLE，创建一个空白程序文件，命名为 aiAsk.py，并保存在 E:\codes 文件夹中，在程序文件中输入以下代码：

```python
import requests                                    # 导入 Http 请求模块
import time                                        # 导入时间模块
import hashlib                                     # 导入哈希算法模块
import base64                                      # 导入 base64 编码模块
import json                                        # 导入 JSON 字符串处理模块

URL = "http://openapi.xfyun.cn/v2/aiui"            # AIUI WebAPI 接口地址
APPID = "XXXXXX"                                   # 见 E:\codes\智能问答 appid.txt
API_KEY = "XXXXXXXXXXXXXXXXXXXXXXXXXXXXXXXX"       # 见 E:\codes\智能问答 appid.txt
AUTH_ID = "XXXXXXXXXXXXXXXXXXXXXXXXXXXXXXXX"       # 见 E:\codes\智能问答 appid.txt
DATA_TYPE = "text"                                 # 数据类型为文本
SCENE = "main_box"                                 # 情景模式为生产环境:main_box
RESULT_LEVEL = "complete"                          # 结果级别为完整

def buildHeader():                                 # 生成 Http 请求头
```

```
    curTime = str(int(time.time()))                                    # 当前的时间
                                                                       # 拼接配置参数字符串
    param = "{\"result_level\":\""+RESULT_LEVEL+"\",\"auth_id\":\"" \  #这里的\为续行符
            +AUTH_ID+"\",\"data_type\":\""+DATA_TYPE+"\",\"scene\":\""+SCENE+"\"}"
    # 对参数字符串进行 Base64 编码
    paramBase64 = base64.b64encode(param.encode('utf-8')).decode(encoding='utf-8')
    # 计算得到令牌
    m2 = hashlib.md5()
    m2.update((API_KEY + curTime + paramBase64).encode('utf-8'))
    checkSum = m2.hexdigest()
    # 在 Http 请求头
    header = {
        'X-CurTime': curTime,                                          # 当前时间
        'X-Param': paramBase64,                                        # 配置参数
        'X-Appid': APPID,                                              # 应用 APPID
        'X-CheckSum': checkSum,                                        # 令牌
    }
    return header


if __name__ == '__main__':
    while True:
        print("请输入问题,问完后按回车键结束...")
        inputText = input()                                            # 输入问题
        if inputText == '':                                            # 如果输入为空，结束程序
            break
        else:
            # 提交 Http POST 请求，上传数据
            r = requests.post(URL, headers=buildHeader(),data=inputText.encode('utf-8'))
            # 处理返回参数
            response = json.loads(r.content)                           # 将返回参数转成 python 数据结构
            data = response["data"]                                    # 提取返回参数中的 data 字段
            for i in data:                                             # 遍历列表
                if i["sub"] == "nlp":                                  # 如果业务类型为语义理解
                    if i["intent"]:                                    # 如果意图不为空
                        answer = i["intent"]["answer"]["text"]         # 提取回答文本
            print('答:%s'% answer)                                      # 打印答案
            # 询问问答是否要继续
```

```
next = input('\n 还要继续向我提问吗？结束提问输入 N，继续提问按回车键')
if next.upper()=='N':                          # 如果用户输入字母 N 或者 n，结束程序
    print('再见，欢迎下次再来提问！')
    break
```

在以上代码中，while 循环语句中的代码实现了机器人知识问答功能，一次问答完成后，用户可以通过输入回车键继续提问，或者输入字母 N 结束程序。

7.4.5　模块程序调试

模块程序的调试主要包括两个步骤：为应用添加自定义问答，然后对自定义问答进行模拟测试。模块程序调试的具体步骤，见表 7.12。

表 7.12　模块程序调试步骤

序号	图片示例	操作步骤
1		登录讯飞开放平台，点击右上角控制台按钮"控制台"，在我的应用下方点击"基于知识图谱的智能问答"
2		点击左下方"其他"，点击右侧 AIUI 平台的"服务管理"
3		在应用配置中，点击"自定义问答"，然后点击"+添加自定义问答"

续表 7.12

序号	图片示例	操作步骤
4		点击自定义知识库"机器人知识",然后点击【确定】按钮
5		点击右上角【保存修改】按钮
6		点击页面右侧"》模拟测试",在文本框中输入"机器人包括哪些种类?",点击发送按钮
7		模拟测试得到的回答为"机器人可分为工业机器人和服务机器人",表示模块配置成功

7.4.6 项目总体运行

打开系统命令行，输入 python E:\codes\aiAsk.py，按回车键，输入问题"机器人如何分类"，应用程序回复答案"机器人可分为工业机器人和服务机器人"，输入 N，结束提问，如图 7.6 所示。

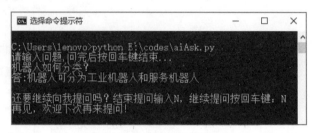

图 7.6 项目总体运行

7.5 项目验证

设计如下四个问题，对项目进行验证。

（1）工业机器人的定义是什么？
（2）工业机器人由哪些部分组成？
（3）服务机器人包括哪些类型？
（4）个人家用服务机器人的应用领域有哪些？

程序运行结果如图 7.7 所示。

图 7.7 项目验证结果

7.6　项目总结

7.6.1　项目评价

项目评价表见表 7.13。

表 7.13　项目评价表

项目指标		分值	自评	互评	评分说明
项目分析	1. 项目架构分析	8			
	2. 项目流程分析	8			
项目要点	1. 知识图谱	8			
	2. 知识库技能	8			
项目步骤	1. 应用平台配置	10			
	2. 系统环境配置	10			
	3. 关联模块设计	10			
	4. 主体程序设计	10			
	5. 模块程序调试	10			
	6. 项目总体运行	10			
项目验证	验证结果	8			
合计		100			

7.6.2　项目拓展

（1）在本项目中，知识库的创建是通过手动输入的方式来完成的，对于问法关键字较多，或者问答关系较多的情况，手动输入的方式效率较低，因此，平台也为我们提供了批量操作的方式，如图 7.8 所示。请尝试使用平台提供的 excel 模板，实现问法关键字和问答关系的导入。

（2）在 AIUI 平台技能商店中搜索百科技能，如图 7.9 所示，尝试创建一个百科查询应用，将百科技能添加到应用中，使用户可以通过应用查询百科知识，获取智能回答。

图 7.8　知识库的批量操作　　　　　　　　　图 7.9　百科技能

第8章　基于机器视觉的物体识别项目

8.1　项目目的

8.1.1　项目背景

物体识别是机器视觉领域的经典问题之一，它的任务是识别出图像中有什么物体，并报告出这个物体在图像中的位置，如图 8.1 所示。从传统的人工设计特征加浅层分类器的框架，到基于深度学习的端到端的识别框架，物体识别技术正逐步走向成熟。

物体识别技术已运用于各个领域，如智能汽车对人、车、路的识别，冰箱对食材的识别，机器人对房间摆设的识别，以及手机拍照软件对物体的识别。例如，物体识别技术可根据用户拍摄的照片，识别图片中物体名称，提高用户交互体验，被广泛应用于智能手机厂商、拍照识图及科普类手机 APP 中，如图 8.2 所示。

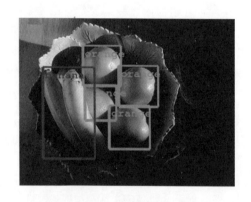

图 8.1　物体识别示例

图 8.2　物体识别的应用——拍照识图

8.1.2　项目需求

本项目为基于机器视觉的物体识别项目，请设计实现一个物体识别系统，用户上传包含待识别物体的图片，系统识别出物体，并显示出物体的中文名称和对应的英文翻译。本项目的具体需求如图 8.3 所示。

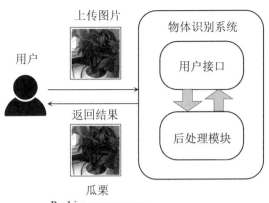

图 8.3　物体识别项目需求

8.1.3　项目目的

（1）掌握基于机器视觉的物体识别的基本概念。

（2）掌握物体识别系统的设计和实现方法。

（3）掌握使用 openpyxl 模块读取 excel 文档的方法。

（4）掌握使用 pillow 模块显示和编辑图像的方法。

8.2　项目分析

8.2.1　项目构架

本项目为基于机器视觉的物体识别项目，需要通过用户接口模块、后处理模块来实现自动识别物体并显示名称的功能。其中，用户接口模块的流程如图 8.4 所示，后处理模块的流程如图 8.5 所示。

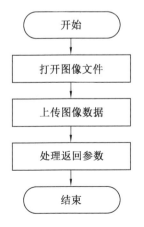

图 8.4　用户接口模块的流程

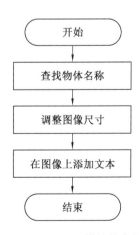

图 8.5　后处理模块的流程

8.2.2 项目流程

本项目的实施流程如图 8.6 所示。

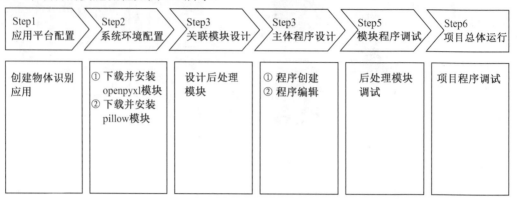

Step1 应用平台配置	Step2 系统环境配置	Step3 关联模块设计	Step3 主体程序设计	Step5 模块程序调试	Step6 项目总体运行
创建物体识别应用	① 下载并安装 openpyxl 模块 ② 下载并安装 pillow 模块	设计后处理模块	① 程序创建 ② 程序编辑	后处理模块调试	项目程序调试

图 8.6　项目实施流程

8.3　项目要点

8.3.1　物体识别服务接口

1. 物体识别的概念

※　物体识别项目要点

物体识别是机器视觉领域中的一项基础研究，它的任务是识别出图像中有什么物体，并报告出这个物体在图像中的位置，如图 8.7 所示。物体识别对于人眼来说并不困难，通过对图片中不同颜色、纹理、边缘模块的感知很容易识别和定位出目标物体，但计算机面对的是图像像素矩阵，很难从图像中直接得到狗和猫这样的抽象概念并定位其位置，再加上物体姿态、光照和复杂背景混杂在一起，使得物体识别更加困难。

是不是猫？　　　猫在哪里？　　　有哪些动物？在哪里？

图 8.7　物体识别的概念内涵示例

物体识别算法经历了传统的人工设计特征加浅层分类器的框架，到基于大数据和深度神经网络的端到端的识别框架，正在逐步走向成熟。

2. 物体识别方法

在 2013 年之前，主流的物体识别算法都是传统的特征优化检测方法；从 2013 年开始，学术界和工业界都逐渐开始利用深度学习算法来做物体识别，并提出了大量的物体识别算法，如 R-CNN、SPP、Fast R-CNN、YOLO 等。以下我们以 R-CNN 算法为例，介绍基于深度学习的物体识别流程。

首先输入一张图片，我们先定位出物体候选框，也就是可能存在物体的图像区域，然后采用卷积神经网络提取每个候选框中图片的特征向量，接着采用 SVM 算法对各个候选框中的物体进行分类识别。整个识别流程分为四个步骤：

（1）输入图像。

（2）找出候选框。

（3）利用卷积神经网络提取特征向量。

（4）利用 SVM 进行特征向量分类，如图 8.8 所示。

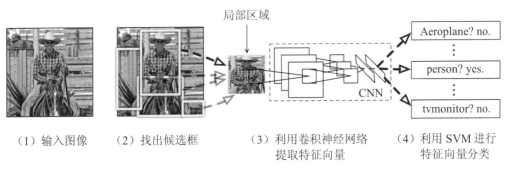

（1）输入图像　　（2）找出候选框　　　（3）利用卷积神经网络　　（4）利用 SVM 进行
　　　　　　　　　　　　　　　　　　　　提取特征向量　　　　　　特征向量分类

图 8.8　R-CNN 算法

3. 接口说明

物体识别服务可以有效检测图像中的动物、交通工具、生活家具等 2 万多种生活常见物体。该服务通过 HTTP API 的方式给开发者提供一个通用的接口，适用于一次性交互数据传输的服务场景，块式传输。

4. 示例程序

接口示例程序可在物体识别 API 文档 https://www.xfyun.cn/doc/image/object-recg/API.html 的"调用示例"中下载。接口调用流程如下：

（1）生成请求头。通过接口密钥基于 MD5 计算签名，将签名及其他参数放在 Http 请求头中。

（2）生成请求体。将图片数据放在 Http 请求体中，以 POST 表单的形式提交。

（3）处理返回参数。向服务器端发送 Http 请求后，接收服务器端的返回结果。

①生成请求头。

在请求头中需要配置的参数见表 8.1。

209

表 8.1　请求头中需配置的参数

参数	格式	说　明	必须
X-Appid	string	讯飞开放平台注册申请应用的应用 ID（appid）	是
X-CurTime	string	当前 UTC 时间戳	是
X-Param	string	业务参数 JSON 串经 Base64 编码后的字符串	是
X-CheckSum	string	令牌，计算方法：MD5（APIKey + X-CurTime + X-Param），三个值拼接的字符串，进行 MD5 哈希计算（32 位小写）	是

其中，X-Param 为各业务参数组成的 JSON 串经 Base64 编码之后的字符串，见表 8.2。

表 8.2　X-Param 包含的业务参数

参数	类型	必填	说明	备　注
image_url	string	否	图片下载链接	采用请求头设置 image_url 参数传入图片时填此参数
image_name	string	是	图片名称	image_url 方式和 Body 传图片方式都需要设置图片名称，例如：img.jpg

图片数据可以通过两种方式上传，第一种在请求头设置 image_url（图片资源地址）参数，第二种将图片二进制数据写入请求体中。生成请求头的具体代码如下：

```python
def getHeader(image_name, image_url=""):                    # 生成 Http 请求头
    curTime = str(int(time.time()))                          # 当前的时间
    param = "{\"image_name\":\"" + image_name + "\",\"image_url\":\"" + \
            image_url + "\"}"                                # 拼接配置参数字符串
    paramBase64 = base64.b64encode(param.encode('utf-8'))    # 对参数字符串进行 Base64 编码
    tmp = str(paramBase64, 'utf-8')                          # 对字符串进行 unicode 编码
    m2 = hashlib.md5()                                       # 哈希计算
    m2.update((API_KEY + curTime + tmp).encode('utf-8'))     # 对字符串进行哈希计算
    checkSum = m2.hexdigest()                                # 生成令牌
    header = {                                               # 配置请求头
        'X-CurTime': curTime,                                # 当前时间
        'X-Param': paramBase64,                              # 业务参数
        'X-Appid': APPID,                                    # 应用 ID
        'X-CheckSum': checkSum,                              # 令牌
    }
    return header
```

②生成请求体。

如果从本地上传图片，需要将图片数据写入请求体，具体代码如下：

```
def getBody(filePath):                              # 生成 Http 请求体
    binfile = open(filePath, 'rb')                  # 打开图像文件
    data = binfile.read()                           # 读取图像文件
    return data                                     # 返回图像二进制数据
```

配置完请求头和请求体之后，可以向服务端发送 Http Post 请求，具体代码如下：

```
r = requests.post(URL, headers=getHeader(ImageName, ImageUrl), data=getBody(filePath))
```

③处理返回参数。

服务端经过鉴权后，将识别结果返回给客户端，返回值为 JSON 字符串，各字段含义见表 8.3。

表 8.3　接口返回参数

JSON 字段	类型	说　　明
code	string	结果码
data	array	识别结果
desc	string	错误描述，会话成功为 success
sid	string	会话 ID，用来唯一标识本次会话

其中，data 字段的说明见表 8.4。

表 8.4　data 字段说明

JSON 字段	类型	说　　明
label	number	大于等于 0 时，表明图片属于哪个分类或结果；等于-1 时，代表该图片文件有错误，或者格式不支持（gif 图不支持）
labels	array	表示前 5 个最可能类别的 label
rate	string	介于 0～1 间的浮点数，表示该图像被识别为某个分类的概率值，概率越高，机器越肯定
rates	array	和 labels 对应，前 5 个最可能类别对应得分
name	string	图片的 url 地址或名称
review	bool	本次识别结果是否存在偏差，返回 true 时存在偏差，可信度较低，返回 false 时可信度较高，具体可参考 rate 参数值
tag	string	图片标签，值为 Local Image 或 Using Buffer（无实际意义）

label 值范围较大，对应的物体类别达 2 万余个，具体对照表可以通过点击文档中右侧导航栏的"接口返回参数"，找到对照表下载链接，然后点击"点击下载"。

label值范围较大，对应的物体类别达2万余个，文档不便表述，详细对照表请点击下载。 结果示例如下：	接口请求参数 ● 接口返回参数 调用示例

图 8.9　下载对照表的方法

返回参数示例如下：

```
{
    "code":"0",
        "data":[
            {
                "label":19015,                          # 表明图片属于哪个分类
                "labels":[                              # 前 5 个最可能类别的标签
                    19015,
                    18927,
                    18929,
                    698,
                    5588
                ],
                "name":"img.jpg",                       # 图片的 url 地址或名称
                "rate":0.10702908039093018,             # 该图像被识别为某个分类的概率值
                "rates":[                               # 前 5 个最可能类别对应得分
                    0.10702908039093018,
                    0.08567219227552414,
                    0.0592394582927227,
                    0.04257886856794357,
                    0.04108942672610283
                ],
                "review":true,                          # 本次识别结果存在偏差
                "tag":"Local Image"                     # 图片标签
            }
        ],
        "desc":"success",                               # 会话成功
        "sid":"tup00000005@ch2ee40efd592d6a6b00"        # 会话 ID
    }
```

212

如果要提取出识别出的物体所对应的标签值（label），可以使用以下代码：

```
response = json.loads(r.content)                    # 将返回结果转成 JSON 字符串
label = response["data"]["fileList"][0]["label"]     # 提取标签值
```

8.3.2　openpyxl 模块使用基础

在本项目中，我们将使用讯飞开放平台的物体识别服务，该服务可以检测图像中的动物、交通工具、生活家具等 2 万多种生活常见物体。用户将包含待识别物体的图片上传到平台服务端，服务端识别出物体类别后，返回一个表示物体类别的标签值（label），每个标签值对应一个物体名称，详细的对照表存储在一个 Excel 电子表格中，如图 8.10 所示。

	A	B	C	D
1				
2		通用物体识别—2万类返回值 currency		
3	label值	英文	中文	分类
4	0	zabaglione	意大利甜点，蛋奶冻	食品
5	1	zairese	扎伊尔人	人类
6	2	zamboni	赞博尼磨冰机	用品
7	3	zamia	泽米属植物	植物
8	4	zebra	斑马	动物
9	5	zebra-finch	斑马雀	动物
10	6	zebra-mussel	斑马贻贝	动物

图 8.10　物体类别标签名称对照表

平台服务端返回标签值后，我们需要在对照表中查找对应的物体名称，例如返回标签值 4，我们需要在对照表中找到对应的物体名称为"斑马"。在 Python 中，我们可以使用 openpyxl 模块来读取 Excel 电子表格文件的内容。

1. 使用 openpyxl 模块打开 Excel 文档

导入 openpyxl 模块后，就可以使用 openpyxl.load_workbook（）函数打开 Excel 文件，例如，以下代码可打开一个 example.xlsx 文件：

```
wb = openpyxl.load_workbook('example.xlsx')
```

2. 从工作簿中获取工作表

每个工作簿中都由一个或多个工作表组成，每个工作表都由一个工作表对象表示，可以通过将方括号与工作表名称字符串一起使用来获得该对象。例如：

```
sheet = wb ['Sheet1']                              # 从工作簿中获取工作表 Sheet1
```

3. 从工作表中获取单元格

一旦有了工作表对象，就可以按其名称访问单元格对象，例如：

```
>>> sheet.cell(row=1, column=2)              # 位于第 1 行，第 2 列的单元格
>>> sheet.cell(row=1, column=2).value        # 获取第 1 行，第 2 列的单元格的内容
```

在这个例子中，使用工作表的 cell()方法并向其传递 row = 1 和 column = 2 会获得单元格 B1 的单元格对象，访问单元格对象的值属性（Value）可以获取单元格中存储的内容。

8.3.3 Pillow 模块使用基础

在本项目中，用户上传包含待识别物体的图像到讯飞开放平台服务端，服务端返回识别结果所对应的标签值，我们还需要将识别结果直观地展示出来。在 Python 中，我们可以使用 Pillow 模块实现识别结果的展示。Pillow 是用于与图像文件进行交互的第三方模块。该模块具有多种功能，可轻松裁剪图像，调整图像大小和编辑图像内容。

1. 颜色和 RGBA 值

计算机程序通常将图像中的颜色表示为 RGBA 值。RGBA 值是一组数字，指定颜色中的红、绿、蓝和 alpha（透明度）的值。这些值是 0～255 的整数。这些 RGBA 值分配给单个像素，像素是计算机屏幕上能显示一种颜色的最小点（你可以想到，屏幕上有几百万像素）。像素的 RGB 设置准确地告诉它应该显示哪种颜色的色彩。图像也有一个 alpha 值，如果图像显示在屏幕上，遮住了背景图像或桌面墙纸，alpha 值决定了"透过"这个图像的像素，你可以看到多少背景。

在 Pillow 中，RGBA 值表示为四个整数值的元组。例如，红色表示为（255，0，0，255）。这种颜色中红的值为最大，没有绿和蓝，并且 alpha 值最大，这意味着它完全不透明。绿色表示为（0，255，0，255），蓝色是（0，0，255，255）。白色是各种颜色的组合，即（255，255，255，255），而黑色没有任何颜色，是（0，0，0，255）。

2. 图像坐标

图像像素用 x 和 y 坐标指定，分别指定像素在图像中的水平和垂直位置。原点是位于图像左上角的像素，用符号（0，0）指定。第一个 0 表示 x 坐标，它以原点处为 0，从左至右增加。第二个 0 表示 y 坐标，它以原点处为 0，从上至下增加。这值得重复一下：y 坐标向下增加，你可能还记得数学课上使用的 y 坐标，与此相反。图 8.11 展示了这个坐标系统的工作方式。

许多 Pillow 函数和方法需要一个矩形元组参数。这意味着 Pillow 需要一个四个整数坐标的元组，表示图像中的一个矩形区域。四个整数按顺序分别是：

➢ 左：该矩形区域最左边的 x 坐标。

➢ 顶：该矩形区域顶边的 y 坐标。

214

    ➢ 右：该矩形区域最右边右面一个像素的 x 坐标。此整数必须比左边整数大。

    ➢ 底：该矩形区域的底边下面一个像素的 y 坐标。此整数必须比顶边整数大。

注意：该矩形区域包括左和顶坐标，但不包括右和底坐标。例如，矩形元组（3，1，9，6）表示图 8.12 中黑色矩形的所有像素。

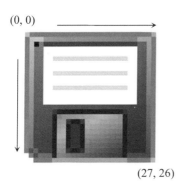

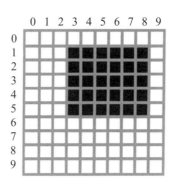

图 8.11　图像的 x 和 y 坐标示例　　　　图 8.12　由矩形元组（3，1，9，6）表示的区域

3. 加载图像

可以从 Pillow 导入 Image 模块实现加载图像功能，方法为调用 Image.open()，传入图像的文件名。然后，可以将所加载的图像保存在变量中。Pillow 的模块名称是 PIL，为了保持与老模块 Python Imaging Library 向后兼容，必须 from PIL import Image，而不是 from Pillow import Image。由于 Pillow 的创建者设计 Pillow 模块的方式，所以必须使用 from PIL import Image 形式的 import 语句，而不是简单地 import PIL。例如：

```
>>> from PIL import Image                          # 导入 Pillow 模块
>>> im = Image.open('img.jpg')                     # 加载图像 img.jpg
```

Image.open()函数的返回值是 Image 对象数据类型，它是将图像表示为 Python 值的方法。可以调用 Image.open()，传入文件名字符串，从一个图像文件（任何格式）加载一个 Image 对象。

4. 调整图像大小

Image 对象有一些有用的属性，提供了加载的图像文件的基本信息：宽度和高度、文件名和图像格式（如 JPEG、GIF 或 PNG）。例如以下代码可以获取一个已经加载的图像 im 的宽度和高度：

```
>>> width, height = im.size
```

resize()方法在 Image 对象上调用，返回指定宽度和高度的一个新 Image 对象。它接受两个整数的元组作为参数，表示返回图像的新宽度和高度，例如：

215

```
>>> newImage = im.resize((int(width / 2), int(height / 2)))
```

这里,resize()调用传入 int(width / 2)作为新宽度,int(height / 2)作为新高度,所以 resize()返回的 Image 对象具有原始图像的一半长度和宽度,是原始图像大小的四分之一。resize()方法的元组参数中只允许整数,这就是为什么需要用 int()调用对两个除以 2 的值取整。

5. 在图像上绘制形状

如果需要在图像上画线、矩形、圆形或其他简单形状,可以使用 Pillow 的 ImageDraw 模块。在交互式环境中输入以下代码:

```
>>> from PIL import ImageDraw
>>> draw = ImageDraw.Draw(im)
```

首先,我们导入 ImageDraw。我们将 Image 对象 im 传入 ImageDraw.Draw()函数,得到一个 ImageDraw 对象。这个对象有一些方法,可以在 Image 对象上绘制形状和文字。

rectangle(xy, fill, outline)方法可绘制一个矩形。xy 参数是一个矩形元组,形式为(left, top, right, bottom)。left 和 top 值指定了矩形左上角的 x 和 y 坐标,right 和 bottom 指定了矩形的右下角。可选的 fill 参数是颜色,将填充该矩形的内部。可选的 outline 参数是矩形轮廓的颜色。例如以下代码可绘制一个左上角在(20,20)位置,右下角在(60,60)位置的蓝色矩形:

```
>>> draw.rectangle((20, 20, 60, 60), fill='blue')
```

6. 在图像上添加文本

ImageDraw 对象还有 text()方法,用于在图像上绘制文本。text()方法有 4 个参数:xy、text、fill 和 font。xy 参数是两个整数的元组,指定文本区域的左上角,text 参数是想写入的文本字符串,可选参数 fill 是文本的颜色,可选参数 font 是一个 ImageFont 对象,用于设置文本的字体和大小。示例代码如下:

```
>>> from PIL import Image, ImageDraw, ImageFont        #导入 Image, ImageDraw 和 ImageFont
>>> import os                                          # 导入操作系统功能模块
>>> im = Image.open('img.jpg')                         # 打开图像 img.jpg
>>> draw = ImageDraw.Draw(im)                          # 创建一个 ImageDraw 对象
>>> fontsFolder = 'C:\\Windows\\Fonts'                 # 字体文件夹
>>> arialFont = ImageFont.truetype(os.path.join(fontsFolder, 'arial.ttf'), 32) # 定义要使用的字体
>>> draw.text((100, 150), 'hello', fill='gray', font=arialFont)  # 绘制文本
>>> im.show()                                          # 显示图像
```

8.4　项目步骤

8.4.1　应用平台配置

※　物体识别项目步骤

我们首先需要在平台上创建应用，步骤见表 8.5。

表 8.5　物体识别应用创建步骤

序号	图片示例	操作步骤
1	* 应用名称 基于机器视觉的物体识别 * 应用分类 应用-教育学习-专业知识 * 应用功能描述 上传图片，识别图片中的物体 提交　　　　返回我的应用	登陆讯飞开放平台控制台，点击"创建新应用"，进入创建应用引导页，应用名称填写"基于机器视觉的物体识别"，应用分类选择"教育学习"→"专业知识"，功能描述填写"上传图片，识别图片中的物体"，填写完成后点击【提交】按钮，应用创建完毕
2	⚙ 我的应用　　　创建新应用 应用名称　　　　　　　　　　　　APPID 基　基于机器视觉的物体识别　　　5e4b967a 基　基于知识图谱的智能问答　　　5e420284	点击应用名称"基于机器视觉的物体识别"

217

续表 **8.5**

序号	图片示例	操作步骤
3	基于机器视觉的…　　　实时用量 文字识别　∨ 图像识别　∧　　今日实时服务量 0 场景识别 物体识别　　　　历史用量	在左侧导航栏找到"图像识别",点击展开,点击"物体识别"
4	**服务接口认证信息** APPID APIKey *SDK调用方式只需APPID。APIKey或APISecret适用于WebAPI调用方式。	找到页面右侧的服务接口认证信息,将信息复制到剪贴板
5	物体识别appid.txt - 记事本　　　　　□　× 文件(F) 编辑(E) 格式(O) 查看(V) 帮助(H) 物体识别应用服务认证信息: APPID XXXXXXXXXX APIKey XXXXXXXXXXXXXXXXXXXXXXXXXXXXX	在 E:\codes 文件夹新建一个文本文档"物体识别 appid.txt",将刚才复制的信息存储在文本文档中
6	**IP白名单** IP白名单功能开关　　　　⬭ *该功能若开启,则仅限列表中IP的访问,关闭功能表示接收任意IP访问。 *IP白名单仅对使用WebAPI调用方式生效。SDK调用方式没有限制。 *IP白名单开关和地址的设置,5分钟后生效。	找到页面右侧的"IP白名单功能开关",关闭 IP 白名单
7	**物体识别API** 服务名称　API类型　接口地址　　　　　　操作 物体识别　WebAPI　http://tupapi.xfyun.cn/v1/currency　文档	找到页面右侧的物体识别 API,点击【文档】

续表 8.5

序号	图片示例	操作步骤
8	ue时存在偏差，可信度较低，返回false时可信度 Buffer(无实际意义) ② 详细对照表请点击下载 ① ● 接口返回参数 接口调用流程 白名单 接口请求参数 调用示例 常见问题	在文档中，点击右侧导航栏的"接口返回参数"，然后找到对照表下载链接，点击"点击下载"
9	≪ 本地磁盘 (E:) › codes ›　　🔍 名称 📄 物体识别appid.txt 📊 物体识别label返回值.xlsx 📄 postprocess.py 📄 aiRecognition.py	将下载的对照表保存在 E:\codes 文件夹中

8.4.2　系统环境配置

本项目中需要用到 openpyxl 模块和 Pillow 模块，下载并安装 openpyxl 和 Pillow 模块的步骤见表 8.6。

表 8.6　openpyxl 和 Pillow 模块下载安装步骤

序号	图片示例	操作步骤
1	选择命令提示符　　　　　□ × Microsoft Windows [版本 10.0.17134.1246] (c) 2018 Microsoft Corporation。保留所有权利。 C:\Users\lenovo>pip install openpyxl Collecting openpyxl 　Downloading https://files.pythonhosted.org/pa ckages/95/8c/83563c60439954e5b80f9e2596b93a68e1 ac4e4a730deb1aae632066d704/openpyxl-3.0.3.tar.g z (172kB)	打开系统命令行，输入"pip install openpyxl"，按回车键，开始下载安装
2	命令提示符　　　　　□ × C:\Users\lenovo>pip install Pillow Collecting Pillow 　Downloading https://files.pythonhosted.org/pa ckages/a0/f5/943da9f188d1abdbd83f73dfba7ed8c193 5161e8f9b4ef6fc9cea0b3e14b/Pillow-7.0.0-cp38-cp 38-win32.whl (1.8MB)	输入"pip install Pillow"，按回车键，开始下载安装

续表 8.6

序号	图片示例	操作步骤
3	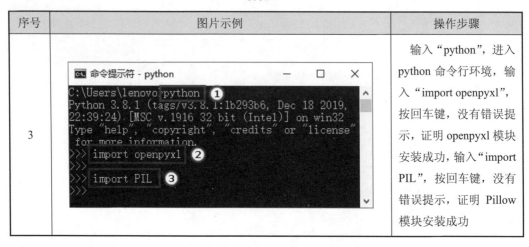	输入 "python"，进入 python 命令行环境，输入 "import openpyxl"，按回车键，没有错误提示，证明 openpyxl 模块安装成功，输入 "import PIL"，按回车键，没有错误提示，证明 Pillow 模块安装成功

8.4.3 关联模块设计

本节我们将实现物体识别应用的后处理模块。打开 IDLE，创建空白程序文件，命名为 postprocess.py，保存在 E:\codes 文件夹中。后处理模块程序编写分为三个步骤，分别为初始化、读取对照表、显示结果图像。

STEP1：初始化

```
import openpyxl                                    # 导入读写Excel文档的模块
import os                                          # 导入操作系统功能模块
from PIL import Image, ImageDraw, ImageFont        # 导入图像处理模块
```

STEP2：读取对照表

```
def readExcel(label, excelFile):
    wb = openpyxl.load_workbook(excelFile)                       # 打开 Excel 文档
    sheet = wb['工作表 1']                                        # 提取'工作表 1'
    name = sheet.cell(row = label + 4, column = 3).value         # 读取标签对应的中文名
    EnglishName = sheet.cell(row = label + 4, column = 2).value  # 读取标签对应的英文名
    return (name, EnglishName)                                   # 返回中英文物体名称
```

平台服务端返回标签值后，我们需要在对照表中查找对应的物体名称，如图 8.10 所示，标签值（label）在 A 列，对应的物体英文名称在 B 列，物体中文名称在 C 列。以标签值 5 为例，英文名称 "zebra-finch" 显示在 B9 单元格中，也就是第 9 行，第 2 列，行号为当前标签值加上 4，中文名称 "斑马雀" 显示在 C9 单元格中，也就是第 9 行，第 3 列。

STEP3：显示结果图像

```
def showImage(filePath, label, excelFile):
    name, EnglishName = readExcel(label, excelFile)           # 读取标签值对应的物体中英文名称
    chars=name + ' ' + EnglishName                            # 显示格式为"中文名+空格+英文名"
    fontsFolder='C:\\Windows\\Fonts'                          # 字体文件夹
    font=ImageFont.truetype(os.path.join(fontsFolder,"simsun.ttc"), 20, \
        encoding="utf-8")                                     # 配置字体参数
    widthChars, heightChars = font.getsize(chars)             # 获取要显示字符串的宽和高
    img=Image.open(filePath)                                  # 打开图像文件
    width,height=img.size                                     # 获取图像尺寸
    newImg=img.resize((300, int(height * 300/width)),0)       # 图像宽度调整为 300 像素

    draw=ImageDraw.Draw(newImg)                               # 创建可用来对图像进行操作的对象
    draw.rectangle((5,5,widthChars+5,heightChars+5),fill='white')  # 绘制一个矩形框
    draw.text((5,5),name+' '+EnglishName,fill='black',font=font)   # 绘制文本
    newImg.show('title')                                      # 显示结果图像
```

在以上代码中，我们首先通过读取对照表 Excel 文件获取识别结果字符串，然后配置要显示的字体参数，并根据字体参数获取要显示的字符串的宽度和高度。为了显示美观，我们通过 img.resize()语句将待显示的图像统一缩放到宽度为 300 像素，原始宽高比保持不变。绘制文本之前，我们首先调用 draw.rectangle()语句在图像上绘制一个白色的文本框，然后调用 draw.text()语句在文本框中添加文本。

8.4.4 主体程序设计

主体程序将实现物体的识别和结果显示的功能。打开 IDLE，创建空白程序文件，命名为 aiObjRecog.py，保存在 E:\codes 文件夹中。主体程序编写分为四个步骤，分别为初始化、生成 Http 请求头、生成 Http 请求体、主流程。

STEP1：初始化

```
import requests           # 导入 Http 请求模块
import time               # 导入时间模块
import hashlib            # 导入哈希算法模块
import base64             # 导入 base64 编码模块
import os                 # 导入操作系统功能模块
import json               # 导入 JSON 字符串处理模块
import postprocess        # 导入后处理模块
import sys                # 导入系统模块
```

STEP2：生成 Http 请求头

请求头中包含了鉴权所需要的参数，包括图像名称、应用 ID、应用 KEY、图像资源地址（如果是本地图像，可以省略）、当前的时间等。

```python
def getHeader(image_name, APPID, API_KEY, image_url=""):        # 生成 Http 请求头
    curTime = str(int(time.time()))                            # 当前的时间
    param = "{\"image_name\":\"" + image_name + "\",\"image_url\":\"" + \
            image_url + "\"}"                                  # 拼接配置参数字符串
    paramBase64 = base64.b64encode(param.encode('utf-8'))      # 对参数字符串进行 Base64 编码
    tmp = str(paramBase64, 'utf-8')                            # 将参数字符串转为 Unicode 编码
    # 计算得到令牌
    m2 = hashlib.md5()
    m2.update((API_KEY + curTime + tmp).encode('utf-8'))
    checkSum = m2.hexdigest()
    # Http 请求头
    header = {
        'X-CurTime': curTime,                                  # 当前时间
        'X-Param': paramBase64,                                # 配置参数
        'X-Appid': APPID,                                      # 应用 APPID
        'X-CheckSum': checkSum,                                # 令牌
    }
    return header
```

STEP3：生成 Http 请求体

请求体为待识别的图像数据，首先打开图像文件，然后读取文件内容。

```python
def getBody(filePath):                                         # 生成 Http 请求体
    binfile = open(filePath, 'rb')                             # 打开图像文件
    data = binfile.read()                                      # 读取图像文件
    return data                                                # 返回图像二进制数据
```

STEP4：主流程

```python
if __name__ =="__main__":
    if len(sys.argv) < 2:                                      # 命令行参数>=2
        print('使用方法：python E:\codes\aiObjRecog.py 图片路径')
        sys.exit()
    filePath = sys.argv[1]                                     # 从命令行参数提取图像文件路径
```

```
imageName = os.path.split(filePath)[1]                          # 获取图像名称
APPID = "XXXXXXX"                                                # 在 E:\codes\物体识别 appid.txt 中
API_KEY = "XXXXXXXXXXXXXXXXXXXXXXXXXXXXXXXXXXX"  # 在 E:\codes\物体识别 appid.txt 中
url = "http://tupapi.xfyun.cn/v1/currency"                       # 请求资源地址
r = requests.post(url, data=getBody(filePath), \
      headers=getHeader(imageName,APPID,API_KEY))                # 提交 Http POST 请求，上传数据
response = json.loads(r.content)                                 # 处理返回参数
label = response["data"]["fileList"][0]["label"]                 # 得到识别出的物体的标签值
# 根据标签显示结果
excelFile="E:\\codes\\物体识别 label 返回值.xlsx"                 # 标签物体名称对照表
postprocess.showImage(filePath, label, excelFile)                # 显示结果
```

在程序主流程中，首先从命令行参数提取图像文件路径，然后向物体识别的平台服务端发送 Http Post 请求，服务端返回参数后，提取出返回的标签值（label），然后调用后处理模块程序，根据标签值和对照表，显示标注了识别的结果的图像。

8.4.5 模块程序调试

在网络上搜索一张黄金猎犬的图片，如图 8.13 所示，将图片以 dog.jpg 命名，保存在 E:\images 文件夹中。我们将测试在给定标签值的情况下，后处理模块是否能够正确地显示包含识别结果的图片。

打开 E:\codes\postprocess.py 文件，在文件的最后添加以下代码：

```
if __name__=="__main__":
    filePath = "E:\\images\\dog.jpg"                            # 图像路径
    label=11507                                                 # 黄金猎犬对应的标签值
    excelFile="E:\\codes\\物体识别 label 返回值.xlsx"            # 标签物体名称对照表
    showImage(filePath, label, excelFile)                       # 显示结果图像
```

打开系统命令行，输入 python E:\codes\postprocess.py，按回车键，程序运行结果如图 8.14 所示。

图 8.13　图片示例 1

图 8.14　识别结果示例 1

223

8.4.6 项目总体运行

在调试完模块程序后，我们可以进行项目总体运行，如图 8.15 所示，首先在网络上搜索一张包含物体的图片，如图 8.16 所示，将图片以 img.jpg 命名，保存在 E:\images 文件夹中。打开系统命令行，输入以下代码：

```
python E:\codes\aiObjRecog.py E:\images\img.jpg
```

图 8.15　项目总体运行

其中，第一个参数为主体程序的名称，第二个参数为包含待识别物体的图片路径，程序运行结果如图 8.17 所示。

图 8.16　图片示例 2

图 8.17　识别结果示例 2

8.5　项目验证

在常见的物体类别中各找一个例子，验证应用程序是否能够正常识别，并填写表 8.7。识别结果如图 8.18 所示，从结果中可以看出，图片中的物体基本都被正确识别。由于该应用一次只能识别一种物体，所以 img2.jpg 中的羽毛球拍被识别出，而羽毛球并没有被正确地识别出来。

表 8.7　物体识别验证结果

物体类别	示例图片名	识别结果	结果是否正确
食品	img1.jpg	意大利式甜点	正确
用品	img2.jpg	羽毛球拍	部分正确
动物	img3.jpg	皇企鹅	正确
植物	img4.jpg	玫瑰	正确

（a）img1.jpg

（b）img2.jpg

（c）img3.jpg

（d）img4.jpg

图 8.18　物体识别结果验证

8.6　项目总结

8.6.1　项目评价

项目评价表见表 8.8。

表 8.8　项目评价表

项目指标		分值	自评	互评	评分说明
项目分析	1. 项目架构分析	6			
	2. 项目流程分析	6			
项目要点	1. 物体识别基础	6			
	2. openpyxl 模块使用基础	6			
	3. Pillow 模块使用基础	6			
项目步骤	1. 应用平台配置	10			
	2. 系统环境配置	10			
	3. 关联模块设计	10			
	4. 主体程序设计	10			
	5. 模块程序调试	10			
	6. 项目总体运行	10			
项目验证	验证结果	10			
合计		100			

8.6.2　项目拓展

（1）在本项目中，识别显示结果包括物体的中文名称和英文名称，请尝试为应用程序添加百科查询功能，即不仅显示物体名称，同时显示根据物体名称搜索到的百科信息，如图 8.19 所示。

提示：可以为应用添加 AIUI 平台服务，在平台服务中添加商店技能中的百科技能，如图 8.20 所示。

瓜栗
俗称发财树，木棉科小乔木，高 4～5 米，
树冠较松散，幼枝栗褐色，无毛

图 8.19　返回百科结果

图 8.20　百科技能

（2）讯飞开放平台提供了场景识别服务，可精准识别自然环境下的数十种场景。场景识别可用于智能相册管理、照片检索和分类，例如可以根据图片场景自动分类，建立快速检索系统，也可以根据用户上传照片进行主体检测，批量读图实现相册智能分类管理。请尝试实现一个场景识别应用，自动识别用户上传图片的所属场景。

第 9 章 基于深度学习的人脸识别项目

9.1 项目目的

9.1.1 项目背景

人脸识别是基于人的脸部特征信息进行身份识别的一种生物识别技术。人脸识别通过摄像机或摄像头采集含有人脸的图像或视频流，并自动在图像中检测和跟踪人脸，进而对检测到的人脸进行脸部识别，通常也称为人像识别、面部识别。

目前，人脸识别技术广泛运用于各个行业，例如：火车站的人脸识别闸机（图 9.1）、无人售货柜的刷脸支付、公交/道路的安全监控、公司人脸识别考勤等。未来，随着技术的进一步成熟和社会认同度的提高，人脸识别技术将应用在更多的领域，包括安保、交通、刑侦、自助服务设备、金融等领域。

（a）人脸识别闸机　　　　　　　　　　　（b）人脸识别界面

图 9.1　人脸识别闸机示例

9.1.2 项目需求

本项目为基于深度学习的人脸识别项目，请设计实现一个人脸识别系统，用户上传一张包含单个人脸的图片，系统检测出人脸的位置，并对人脸的特征进行分析，识别出对应人物的年龄范围、性别及表情。本项目的具体需求如图 9.2 所示。

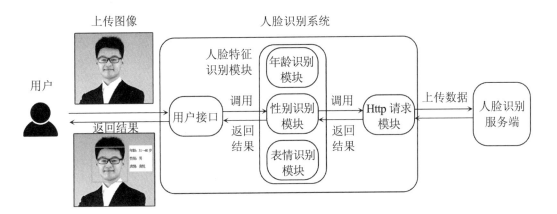

图 9.2　人脸识别项目需求

9.1.3　项目目的

（1）掌握基于深度学习的人脸识别的基本概念。

（2）掌握人脸识别系统的设计和实现方法。

（3）掌握使用 OpenCV 库检测图像中人脸的方法。

（4）深入掌握使用 Pillow 模块编辑图像的方法。

9.2　项目分析

9.2.1　项目构架

本项目为基于深度学习的人脸识别项目，需要通过人脸特征识别模块、Http 请求模块来实现自动识别图像中的人脸及人脸特征的功能。其中，人脸特征识别模块包括年龄识别模块、性别识别模块、表情识别模块，它们的工作流程类似，如图 9.3 所示，Http 请求模块的流程如图 9.4 所示。

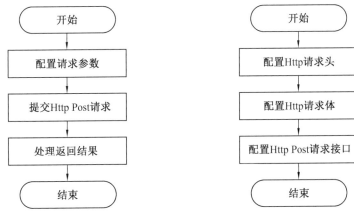

图 9.3　人脸特征识别模块的流程　　　　图 9.4　Http 请求模块的流程

9.2.2 项目流程

本项目的实施流程如图 9.5 所示。

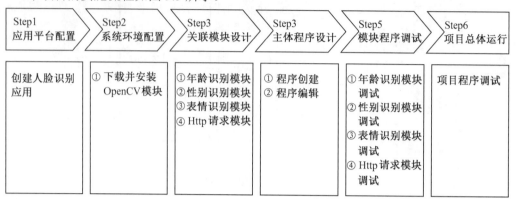

图 9.5　项目实施流程

9.3　项目要点

9.3.1　人脸识别基础

1. 人脸识别

※　人脸识别项目要点

人脸识别是指利用计算机视觉技术使计算机能够识别图像中的人脸。识别人脸对于人类来说是很容易的任务，但要使计算机识别人脸则需要设计精准的算法。真实图像中可能包含许多不是人脸的对象，例如建筑物、汽车、动物等，这些都给计算机自动识别人脸增加了难度。

人脸识别技术是基于人的脸部特征，对输入的人脸图像或者视频流进行分析。首先判断其中是否存在人脸，如果存在人脸，则进一步地给出每张脸的位置、大小和各个主要面部器官的位置信息。依据这些信息，进一步提取每张人脸中所蕴含的身份特征，并将其与已知的人脸进行对比，从而识别每张人脸的身份。

2. 人脸识别的一般流程

人脸识别的一般流程主要包括四个步骤，分别为：图像采集和检测、图像预处理、特征提取、特征匹配和识别，如图 9.6 所示。

图 9.6　人脸识别的一般流程

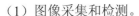

（1）图像采集和检测。

图像采集是指通过摄像镜头采集人脸图像，例如静态图像、动态图像，采集的图像可包括不同的位置、不同的表情等。人脸检测在实际中主要用于人脸识别的预处理，即在图像中准确标定出人脸的位置和大小。人脸图像中包含的模式特征十分丰富，如直方图特征、颜色特征、模板特征、结构特征及 Haar 特征等。人脸检测就是把这其中有用的信息挑出来，并利用这些特征实现人脸检测。

（2）图像预处理。

人脸图像预处理是基于人脸检测结果，对图像进行处理并最终服务于特征提取的过程。对于人脸图像而言，其预处理过程主要包括人脸图像的光线补偿、灰度变换、直方图均衡化、归一化、几何校正、滤波及锐化等。

（3）特征提取。

人脸特征提取，也称人脸表征，是对人脸进行特征建模的过程。人脸识别系统可使用的特征通常分为视觉特征、像素统计特征、人脸图像变换系数特征、人脸图像代数特征等。

（4）特征匹配和识别。

特征匹配和识别是指将提取的人脸图像的特征数据与数据库中存储的特征模板进行搜索匹配，通过设定一个阈值，当相似度超过这一阈值时，则把匹配得到的结果输出。人脸识别就是将待识别的人脸特征与已得到的人脸特征模板进行比较，根据相似程度对人脸的身份信息进行判断。

9.3.2　OpenCV 人脸检测

1. OpenCV 简介

OpenCV 是开源、跨平台的计算机视觉库，其全称是 Open Source Computer Vision Library（开源计算机视觉库）。它是由英特尔公司发起并参与开发的，可在商业和研究领域中免费使用。 OpenCV 能开发实时的图像处理、运动跟踪、目标检测等程序。

2. OpenCV 图像操作基础

在计算机视觉应用领域，OpenCV 库具有很多高效、强大的功能，以下我们对 OpenCV 库的基础图像操作功能做简单介绍。

（1）加载图像。

采用 imread()方法可从指定的文件加载图像。如果无法读取图像（由于缺少文件、权限不正确、格式不受支持或格式无效），则此方法将返回一个空矩阵，在交互式命令行输入以下代码：

```
>>> import cv2 as cv                              # 导入 OpenCV 模块
>>> img=cv.imread("E:\\images\\test.JPG")          # 读取图片数据
```

```
>>> cv.imshow('image', img)                                    # 显示图像
```

运行代码，输出结果如图 9.7 所示。

（2）保存图像。

imwrite()方法用于将图像保存到任何存储设备，该方法将根据指定的格式将图像保存在指定目录中。代码示例如下：

```
>>> newPath = ("E:\\images\\test_new.JPG")                    # 给文件名加上_new 的后缀
>>> cv.imwrite(newPath,img)                                    # 将 img 保存为新的图像文件
```

该代码实现了将图像文件的副本以 test_new.JPG 命名，并保存在 E:\images 文件夹中，如图 9.8 所示。

图 9.7　加载图像示例　　　　　　　　图 9.8　保存图像示例

（3）图像缩放。

接下来，我们将尝试通过 resize()函数调整图像的大小，首先我们可以通过图像的 Shape 属性获得图像的原始尺寸：

```
>>> print(img.shape)
```

运行代码结果为：

```
(282, 410, 3)
```

输出结果表示图像的高度为 282 像素，宽度为 410 像素，颜色通道包括 RGB（红绿蓝）3 个颜色通道，可以使用 img.shape[0]访问高度值，img.shape[1]访问宽度值。

接下来我们可以使用 resize()函数调整图像的大小，示例代码如下：

```
>>> scale_percent = 50                                         # 缩放比例
>>> width = int(img.shape[1] * scale_percent / 100)            # 宽度调整为原始的 50%
>>> height = int(img.shape[0] * scale_percent / 100)           # 高度调整为原始的 50%
```

```
>>> output = cv.resize(img, (width,height))              # 缩放图像
>>> cv.imwrite('E:\\images\\test_resize.JPG',output)      # 保存缩放后的图像
```

代码运行后，我们可以在 E:\\images 文件夹中找到 test_resize.JPG，该图像的宽度和高度分别为原始图像 test.JPG 的一半，如图 9.9 所示。

410×282

205×141

（a）test.JPG

（b）test_resize.JPG

图 9.9　图像缩放示例（图中数字单位为像素）

3. OpenCV 人脸检测

OpenCV 可使用机器学习算法搜索图片中的人脸。由于人脸非常复杂，因此没有一个简单的测试可以告诉我们是否找到了人脸。人脸检测算法将识别面部的任务分解为成千上万个较小的任务，每个任务都易于解决，这些任务也称为分类器。

对于人脸检测任务，我们可能需要 6 000 个或更多的分类器，所有这些分类器都必须匹配才能确认检测到人脸。为了减少计算量，OpenCV 将检测面部的问题分为多个阶段。对于每个图像区域块，它都会进行非常粗略和快速的测试。如果通过，它将进行更详细的测试，以此类推。OpenCV 人脸检测算法有 30～50 个这样的分类器级联，并且只有在所有测试都通过后才能确认检测到人脸。

OpenCV 已经包含许多针对人脸、眼睛、微笑等进行过预训练的分类器。这些分类器存储在 opencv/data/haarcascades/文件夹的 XML 文件中。接下来我们将使用 OpenCV 创建人脸检测器，首先，我们需要加载所需的 XML 分类器，然后以灰度模式加载我们的输入图像（或视频），创建一个空白程序文档，编写代码如下：

```
import cv2 as cv
face_cascade = cv.CascadeClassifier('haarcascade_frontalface_default.xml')
img = cv.imread('E:\\images\\test_new.JPG')
gray = cv.cvtColor(img, cv.COLOR_BGR2GRAY)
faces = face_cascade.detectMultiScale(gray, 1.3, 5)
```

现在，我们在图像中找到了面孔。如果找到人脸，则将检测到的人脸的位置返回为一个矩形框，Rect(x,y,w,h)，其中 x,y 为矩形框的左上角坐标。一旦获得这些位置，就可以为人脸绘制一个检测框。

```
for (x,y,w,h) in faces:
cv.rectangle(img,(x,y),(x+w,y+h),(255,0,0),2)
cv.imshow('img',img)
cv.waitKey(0)
cv.destroyAllWindows()
```

运行以上代码的结果如图 9.10 所示。

图 9.10　人脸检测结果示例

9.3.3　人脸特征识别服务接口

讯飞开放平台提供了人脸特征识别的相关服务，在本项目中，我们将使用到其中的年龄识别、性别识别及表情识别服务。三种服务接口的使用方法类似，我们以年龄识别为例，对服务接口的使用进行简要介绍。

1. 接口说明

人脸特征分析基于深度学习算法，可以检测图像中的人脸并进行一系列人脸相关的特征分析。可用作基础人脸信息的解析，智能分析人群特征。

通过该接口可对图片中的人物年龄进行识别。该能力是通过 HTTP API 的方式给开发者提供一个通用的接口，适用于一次性交互数据传输的 AI 服务场景，块式传输。

2. 接口要求

集成年龄识别服务接口时，需按照如表 9.1 所示要求进行。

表 9.1　接口要求

内容	说明
请求协议	Http
请求地址	http://tupapi.xfyun.cn/v1/age
请求方式	POST
响应格式	统一采用 JSON 格式
图片格式	.png、.jpg、.jpeg、.bmp、.tif
图片大小	大小不超过 800 k

3. 示例程序

接口示例程序可在 API 文档 https://www.xfyun.cn/doc/face/face-feature-analysis/ageAPI.html 的【调用示例】中下载。

接口调用流程如下：

（1）生成请求头。通过接口密钥基于 MD5 计算签名，将签名及其他参数放在 Http 请求头中。

（2）生成请求体。将图片数据放在 Http 请求体中，以 POST 表单的形式提交。

（3）处理返回参数。向服务器端发送 Http 请求后，接收服务器端的返回结果。

STEP1：生成请求头

在请求头中需要配置的参数见表 9.2。

表 9.2　请求头中需配置的参数

参数	格式	说明	必须
X-Appid	string	讯飞开放平台注册申请应用的应用 ID（appid）	是
X-CurTime	string	当前 UTC 时间戳	是
X-Param	string	业务参数 JSON 串经 Base64 编码后的字符串	是
X-CheckSum	string	令牌，计算方法：MD5（APIKey + X-CurTime + X-Param），三个值拼接的字符串，进行 MD5 哈希计算（32 位小写）	是

其中，X-Param 为各业务参数组成的 JSON 串经 Base64 编码之后的字符串，见表 9.3。

表 9.3　X-Param 包含的业务参数

参数	类型	必填	说明	备注
image_url	string	否	图片下载链接	采用请求头设置 image_url 参数传入图片时填此参数
image_name	string	是	图片名称	image_url 方式和 Body 传图片方式都需要设置图片名称，例如：img.jpg

图片数据可以通过两种方式上传，第一种在请求头设置 image_url 参数，第二种将图片二进制数据写入请求体中。生成请求头的具体代码如下：

```python
def getHeader(image_name, image_url=""):                                     # 生成 Http 请求头
    curTime = str(int(time.time()))                                          # 当前的时间
    param = "{\"image_name\":\"" + image_name + "\",\"image_url\":\"" + \
            image_url + "\"}"                                                # 拼接配置参数字符串
    paramBase64 = base64.b64encode(param.encode('utf-8'))                    # 对参数字符串进行 Base64 编码
    tmp = str(paramBase64, 'utf-8')                                          # 对字符串进行 unicode 编码
    m2 = hashlib.md5()                                                       # 哈希计算
    m2.update((API_KEY + curTime + tmp).encode('utf-8'))                     # 对字符串进行哈希计算
    checkSum = m2.hexdigest()                                                # 生成令牌
    header = {                                                               # 配置请求头
        'X-CurTime': curTime,                                                # 当前时间
        'X-Param': paramBase64,                                              # 业务参数
        'X-Appid': APPID,                                                    # 应用 ID
        'X-CheckSum': checkSum,                                              # 令牌
    }
    return header
```

STEP2：生成请求体

如果从本地上传图片，需要将图片数据写入请求体，具体代码如下：

```python
def getBody(filePath):                       # 生成 Http 请求体
    binfile = open(filePath, 'rb')           # 打开图像文件
    data = binfile.read()                    # 读取图像文件
    return data                              # 返回图像二进制数据
```

配置完请求头和请求体之后，可以向服务端发送 Http Post 请求，具体代码如下：

```python
r = requests.post(URL, headers=getHeader(ImageName, ImageUrl), data=getBody(filePath))
```

STEP3：处理返回参数

年龄识别服务端经过鉴权后，将年龄识别结果返回给客户端，返回值为 JSON 字符串，各字段含义见表 9.4。

表 9.4　接口返回参数

JSON 字段	类型	说明
code	string	结果码
data	array	识别结果
desc	string	错误描述，会话成功为 success
sid	string	会话 ID，用来唯一标识本次会话，

其中，data 字段的说明见表 9.5。

表 9.5　data 字段说明

JSON 字段	类型	说明
label	number	大于等于 0 时，表明图片属于哪个分类或结果；等于-1 时，代表该图片文件有错误，或者格式不支持（gif 图不支持）
labels	array	表示前 5 个最相符的年龄的 label
rate	string	介于 0~1 间的浮点数，表示该图像被识别为某个分类的概率值，概率越高、机器越肯定
rates	array	和 labels 对应，前 5 个最符合年龄对应得分
name	string	图片的 url 地址或名称
review	bool	本次识别结果是否存在偏差，返回 true 时存在偏差，可信度较低，返回 false 时可信度较高，具体可参考 rate 参数值
tag	string	图片标签，值为 Local Image 或 Using Buffer（无实际意义）

标签值（label）范围及对应年龄段见表 9.6。

表 9.6　标签值-年龄段对照表

label 值	对应年龄段/岁	label 值	对应年龄段/岁
0	0~1	7	41~50
1	2~5	8	51~60
2	6~10	9	61~80
3	11~15	10	80 以上
4	16~20	11	其他
5	21~25	12	26~30
6	31~40		

如果要提取出检测出的人脸所对应的标签值（label），可以使用以下代码：

```
response = json.loads(r.content)                      # 将返回结果转成 JSON 字符串
label = response["data"]["fileList"][0]["label"]      # 提取标签值
```

9.4 项目步骤

9.4.1 应用平台配置

※ 人脸识别项目步骤

由于讯飞开放平台的应用创建数量限制（每人最多创建 5 个应用），本项目我们将使用上一章已经创建好的物体识别应用，首先需要在平台上创建应用，步骤见表 9.7。

表 9.7 人脸识别应用创建步骤

序号	图片示例	操作步骤
1	我的应用 / 创建新应用 / 应用名称 APPID 分类 / 基 基于机器视觉的物体识别 5e4b967a 应用-教育学习-专业知识	登陆讯飞开放平台控制台，点击"基于机器视觉的物体识别"应用
2	基于机器视觉的... / 实时用量 / ① 人脸识别 / 人脸比对 / 人脸水印照比对 / 静默活体检测 / 人脸特征分析 ② / 类别 今日实时服务量 / 性别识别 0 / 年龄识别 0 / 表情识别 0 / 颜值识别 0	在左侧导航栏找到"人脸识别"，点击展开，再点击"人脸特征分析"
3	服务接口认证信息 / APPID / APIKey / *SDK调用方式只需APPID。APIKey或APISecret适用于WebAPI调用方式。	找到页面右侧的服务接口认证信息，将信息复制到剪贴板
4	人脸识别appid.txt - 记事本 / 文件(F) 编辑(E) 格式(O) 查看(V) 帮助(H) / 人脸识别应用服务认证信息： / APPID / APIKey	在 E:\codes 文件夹新建一个文本文档"人脸识别 appid.txt"，将刚才复制的信息存储在文本文档中

238

9.4.2　系统环境配置

本项目中需要用到 openpcv-python 模块，下载、安装和配置 openpcv-python 模块的步骤见表 9.8。

表 9.8　openpcv-python 模块下载、安装和配置步骤

序号	图片示例	操作步骤
1		打开系统命令行，输入"pip install opencv-python"，按回车键，开始下载安装
2		输入"python"，进入 python 命令行环境，输入 import cv2，按回车键，没有错误提示，证明安装成功
3		输入"cv2"，显示出 cv2 文件夹的路径
4		在文件浏览器中按照 cv2 的路径打开 cv2\data 文件夹，找到 haarcascade_frontalface_default.xml 文件，复制该文件
5		将 haarcascade_frontalface_default.xml 文件粘贴到 E:\codes 文件夹中

239

9.4.3 关联模块设计

本节我们将实现 Http 请求模块、年龄识别模块、性别识别模块以及表情识别模块。

1. Http 请求模块

Http 请求模块的功能是向服务端发送人脸图像数据，并获取服务端返回的识别结果。打开 IDLE，创建空白程序文件，命名为 httpPost.py，保存在 E:\codes 文件夹中。Http 请求模块程序编写分为四个步骤，分别为初始化、请求头函数、请求体函数，以及请求接口函数。

STEP1：初始化

```python
import requests                    # 导入 Http 请求模块
import time                        # 导入时间模块
import hashlib                     # 导入哈希算法模块
import base64                      # 导入 base64 编码模块
import json                        # 导入 JSON 字符串处理模块
import os                          # 导入操作系统功能模块
```

STEP2：请求头函数

Http Post 请求主要由请求头和请求体组成，其中，服务端的鉴权参数需要在请求头中进行配置，具体代码如下：

```python
def getHeader(filePath, image_url=""):                          # 生成 Http 请求头
APPID=" xxxxxxx"                                                # 应用 ID，见人脸识别 appid.txt
  API_KEY="xxxxxxxxxxxxxxxxxxxxxxxxxxxxxxxxxxx"                 # API_KEY，见人脸识别 appid.txt
  image_name = os.path.split(filePath)[1]                       # 获取图像名称
  curTime = str(int(time.time()))                              # 当前的时间
  # 拼接配置参数字符串
  param = "{\"image_name\":\"" + image_name + "\",\"image_url\":\"" + \
          image_url + "\"}"
  paramBase64 = base64.b64encode(param.encode('utf-8'))         # 对参数字符串进行 Base64 编码
  tmp = str(paramBase64, 'utf-8')                              # 对字符串进行 unicode 编码
  m2 = hashlib.md5()                                          # 使用 MD5 哈希算法创建哈希对象
  m2.update((API_KEY + curTime + tmp).encode('utf-8'))        # 更新哈希对象
  checkSum = m2.hexdigest()                                    # 生成字符串的摘要
  header = {                                                   # Http 请求头
    'X-CurTime': curTime,                                      # 当前时间
    'X-Param': paramBase64,                                    # 配置参数
```

```
        'X-Appid': APPID,                                          # 应用 APPID
        'X-CheckSum': checkSum,                                    # 字符串的摘要
    }
    return header                                                  # 返回请求头
```

STEP3：请求体函数

请求体函数负责读取要发送给服务端的人脸图像，并将图像数据被放在请求体中，具体代码如下：

```
def getBody(filePath):                                             # 生成请求体
    binfile = open(filePath, 'rb')                                 # 打开图像文件
    data = binfile.read()                                          # 读取图像文件
    return data                                                    # 返回图像二进制数据
```

STEP4：请求接口函数

请求接口函数接受请求参数，调用 requests.post()函数向服务端提交 Http Post 请求，并返回服务端的返回参数。

```
def post(url, filePath):                                           # Http 请求接口函数
    r = requests.post(url, data=getBody(filePath), headers=getHeader(filePath))  # 提交 Http 请求
    return r                                                       # 返回参数
```

2. 年龄识别模块

年龄识别模块负责提交 http 请求，上传待识别的图像，并接收服务端的年龄识别结果。打开 IDLE，创建空白程序文件，命名为 detectAge.py，保存在 E:\codes 文件夹中，在文件中编写如下代码：

```
import json                                                        # 导入 JSON 字符串处理模块
import httpPost                                                    # 导入 Http 请求模块
# 标签值-年龄段对照表
dic = {0:"0-1 岁",1:"2-5 岁", 2:"6-10 岁",3:"11-15 岁",4:"16-20 岁",
       5:"21-25 岁",6:"31-40 岁",7:"41-50 岁",8:"51-60 岁",9:"61-80 岁",
       10:"80 岁以上",11:"其他",12:"26-30 岁"}
def age(filePath):                                                 # 年龄识别接口函数
    url = "http://tupapi.xfyun.cn/v1/age"                          # 服务端请求地址
    r=httpPost.post(url, filePath)                                 # 提交 Http Post 请求
    response = json.loads(r.content)                               # 处理返回结果
```

```
label = response["data"]["fileList"][0]["label"]                    # 提取年龄标签
ageRange = dic[label]                                               # 解析标签对应的年龄段
return ageRange                                                    # 返回年龄段字符串
```

在以上程序中，我们首先根据讯飞平台年龄识别 API 接口文档定义了标签值-年龄段对照表，存储在变量 dic 中。服务端接收到年龄识别请求后，会将识别结果以一个标签值（label）返回，通过查询对照表，我们就可以知道服务器识别出的年龄段是什么。age()函数是年龄识别接口函数，功能是调用 Http 请求接口函数，并从返回参数中解析出识别出的年龄段。

3. 性别识别模块

性别识别模块负责提交 http 请求，上传待识别的图像，并接收服务端的性别识别结果。打开 IDLE，创建空白程序文件，命名为 detectGender.py，保存在 E:\codes 文件夹中，在文件中编写如下代码：

```
import json                                                        # 导入 JSON 字符串处理模块
import httpPost                                                    # 导入 Http 请求模块
# 标签值-性别对照表
dic = {0:"男",1:"女", 2:"不知道",3:"多人"}
def gender(filePath):                                              # 性别识别接口函数
    url = "http://tupapi.xfyun.cn/v1/sex"                          # 服务端请求地址
    r=httpPost.post(url, filePath)                                 # 提交 Http Post 请求
    response = json.loads(r.content)                               # 处理返回结果
    label = response["data"]["fileList"][0]["label"]              # 提取性别标签
    gen = dic[label]                                               # 解析标签对应的性别
    return gen                                                     # 返回性别字符串
```

在以上程序中，我们首先根据讯飞平台性别识别 API 接口文档定义了标签值-性别对照表 dic。gender()函数是性别识别接口函数，功能是调用 Http 请求接口函数，并从返回参数中解析出识别出的性别。

4. 表情识别模块

表情识别模块负责提交 http 请求，上传待识别的图像，并接收服务端的表情识别结果。打开 IDLE，创建空白程序文件，命名为 detectExpression.py，保存在 E:\codes 文件夹中，在文件中编写如下代码：

```
import json                                                        # 导入 JSON 字符串处理模块
import httpPost                                                    # 导入 Http 请求模块
```

```
dic = {0:"其他",1:"其他表情", 2:"喜悦",3:"愤怒",                    # 标签值-表情对照表
        4:"悲伤",5:"惊恐",6:"厌恶",7:"中性"}
def expression(filePath):                                        # 表情识别接口函数
    url = "http://tupapi.xfyun.cn/v1/expression"                 # 服务端请求地址
    r=httpPost.post(url, filePath)                               # 提交 Http Post 请求
    response = json.loads(r.content)                             # 处理返回结果
    label = response["data"]["fileList"][0]["label"]            # 提取表情标签
    exp = dic[label]                                             # 解析标签对应的表情
    return exp                                                   # 返回表情字符串
```

在以上程序中,我们首先根据讯飞平台表情识别 API 接口文档定义了标签值-表情对照表 dic。expression()函数是表情识别接口函数,功能是调用 Http 请求接口函数,并从返回参数中解析出识别出的表情。

9.4.4　主体程序设计

主体程序将实现人脸检测和特征识别的功能。打开 IDLE,创建空白程序文件,命名为 aiDetectFace.py,保存在 E:\codes 文件夹中。主体程序编写分为五个步骤,分别为初始化、图像预处理、人脸检测、特征识别、结果显示。

STEP1：初始化

```
import cv2 as cv                                                # 导入 opencv 模块
import sys                                                      # 导入系统功能模块
import os                                                       # 导入操作系统功能模块
from PIL import Image, ImageDraw, ImageFont                     # 导入图像处理模块
import numpy as np                                              # 导入数值计算模块
import detectAge                                                # 导入检测年龄模块
import detectGender                                             # 导入检测性别模块
import detectExpression                                         # 导入检测表情模块
```

STEP2：图像预处理

图像预处理步骤完成图像加载、尺寸调整、以及图像灰度化任务。具体代码如下:

```
def detectAndDisplay(imagePath):                                # 人脸检测函数
    image = cv.imread(imagePath)                                # 加载图像
    # 调整图像尺寸
    width=500                                                   # 将图像宽度调整为 500 像素
    height=int(image.shape[0]*500/image.shape[1])              # 图像调整后的高度
```

```
imageResize=cv.resize(image,(width,height), interpolation=cv.INTER_AREA) # 调整图像尺寸

# 保存缩放后的图像
temp = imagePath.split(".")                                    # 将输入文件路径分割成两个部分
filename = temp[0]                                             # 不包含文件后缀名的部分
ext = temp[1]                                                  # 点号后面的内容,即文件后缀名
newPath = filename+"_resize."+ext                             # 给文件名加上_resize的后缀
cv.imwrite(newPath,imageResize)                               # 保存缩放后的图像
imageGray = cv.cvtColor(imageResize, cv.COLOR_BGR2GRAY)  # 将图像转换为灰度图
```

由于实际图像尺寸各不相同,为了提高人脸检测的精度,我们首先将图像统一调整为宽度为 500 像素,原始宽高比不变,并保存缩放后的图像。为了提高人脸检测的速度,我们将图像由彩色(3 个颜色通道)转换为灰度(1 个颜色通道)。

STEP3:人脸检测

人脸检测步骤使用 OpenCV 库的 CascadeClassifier 实现人脸检测任务,具体代码如下:

```
# 加载级联分类器
faceCascade=cv.CascadeClassifier("haarcascade_frontalface_default.xml")
# 检测人脸
face=faceCascade.detectMultiScale(imageGray, minNeighbors=5, minSize=(30, 30))
if len(face)==0:
    print("没有检测到人脸")
    return None
else:
```

在以上代码中,我们首先通过 cv.CascadeClassifier()方法加载一个预先训练好的,可用于正面人脸检测的级联分类器,该分类器保存在 haarcascade_frontalface_default.xml 文件中。然后我们调用该级联分类器的 detectMultiScale()方法来进行人脸检测,其中,imageGray 是检测图像,minNeighbors 和 minSize 是与检测算法相关的参数,用于平衡误检测与漏检测的数量。

STEP4:特征识别

人脸特征识别调用了年龄识别模块、性别识别模块和表情识别模块以得到对应的结果字符串。

```
ageRange = detectAge.age(newPath)                          # 识别年龄段
gender = detectGender.gender(newPath)                      # 识别性别
expression = detectExpression.expression(newPath)          # 识别表情
```

STEP5：结果显示

结果显示步骤需要在图像上绘制矩形的人脸检测框，绘制文本框、文本，显示并保存结果图像，具体代码如下：

```
# 将图像转换成 PIL 对象
img_PIL = Image.fromarray(cv.cvtColor(imageResize,cv.COLOR_BGR2RGB))
draw = ImageDraw.Draw(img_PIL)                             # 创建一个可绘制对象
x,y,w,h = face[0]                                          # 提取人脸检测框的位置
draw.rectangle((x,y,x+w,y+h),outline='green',width=3)     # 绘制检测框矩形
# 拼接待显示的字符串
text = "年龄:"+ageRange+"\n"+"性别:"+gender+"\n"+"表情:"+expression
print(text)                                                # 显示字符串
fontsFolder='C:\\Windows\\Fonts'                           # 字体文件夹
font = ImageFont.truetype(os.path.join(fontsFolder,"simsun.ttc"),
                   20, encoding="utf-8")                   # 设置字体类型以及大小
spacing = 10                                               # 设置行间距
                                                           # 获取要显示的多行文本的宽度和高度
widthText, heightText = draw.multiline_textsize(text, font=font, spacing=spacing)
topleft_x = x+w+10                                         # 文本框的左上角 x 坐标值
topleft_y = y                                              # 文本框的左上角 y 坐标值
bottomright_x = x+w+10+widthText                           # 文本框的右下角 x 坐标值
bottomright_y = y+heightText                               # 文本框的右下角 y 坐标值
# 绘制文本框矩形
draw.rectangle((topleft_x,topleft_y,bottomright_x,bottomright_y), fill='white')
# 绘制文本
draw.text((topleft_x,topleft_y), text, fill ="black",  font = font, spacing = spacing, align ="left")
# 显示图像
img = cv.cvtColor(np.asarray(img_PIL),cv.COLOR_RGB2BGR)  # 将图像转换成 opencv 对象
cv.imshow('Face  detection', img)                         # 显示图像
resultPath = filename+"_result."+ext                      # 给文件名加上_result 的后缀
cv.imwrite(resultPath,img)                                # 保存结果图像
cv.waitKey(0)                                              # 等待按键
cv.destroyAllWindows()                                    # 按下任意键关闭窗口
```

9.4.5 模块程序调试

在进行模块程序调试之前，我们首先需要在 E:\images 文件夹中保存一张包含正面人脸的图片，如图 9.11 所示，将图片命名为 face.jpg。

图 9.11 测试图像 face.jpg

1. Http 请求模块程序调试

打开 E:\codes\httpPost.py 文件，在文件的最后添加以下代码：

```python
if __name__=="__main__":
    url = "http://tupapi.xfyun.cn/v1/age"              # 年龄识别请求地址
    filePath = "E:\\images\\face.jpg"                  # 图像文件路径
    r=post(url, filePath)                              # 提交 Http Post 请求
    response = json.loads(r.content)                   # 处理返回结果
    print(json.dumps(response,indent=3))              # 调试使用，打印输出返回结果
```

打开系统命令行，输入"python E:\codes\httpPost.py"，按回车键，程序运行结果如图 9.12 所示。在返回结果中，服务端返回的标签值（label）为 12，参照标签值-年龄段对照表，我们可以知道，识别出的年龄段为 26～30 岁。

2. 年龄识别模块程序调试

打开 E:\codes\detectAge.py 文件，在文件的最后添加以下代码：

```python
if __name__=="__main__":
    filePath = "E:\\images\\face.jpg"                  # 图像文件路径
    ageRange = age(filePath)                           # 上传图像，识别年龄范围
    print(ageRange)                                    # 打印年龄范围
```

```
C:\Users\lenovo>python E:\codes\httpPost.py
{
    "code": 0,
    "data": {
        "fileList": [
            {
                "label": 12,
                "labels": [
                    12,
                    6,
                    5,
                    11,
                    7
                ],
                "name": "face.jpg",
                "rate": 0.34205928444862366,
                "rates": [
                    0.34205928444862366,
                    0.20747514069080353,
                    0.2020075023174286,
                    0.17207373678684235,
                    0.0390261709690094
                ],
                "review": false
            }
        ],
        "reviewCount": 0,
        "topNStatistic": [
            {
                "count": 1,
                "label": 12
            }
        ]
    },
    "desc": "success",
    "sid": "tup0000001c@dx091e11b42c7d000100"
```

图 9.12　Http 请求模块程序调试结果

247

打开系统命令行，输入"python　E:\codes\detectAge.py"，按回车键，程序运行结果如图 9.13 所示。识别出的年龄段为 26～30 岁，与 Http 请求模块的测试结果一致。

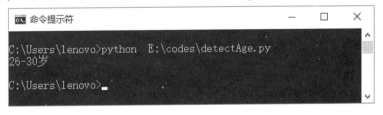

```
C:\Users\lenovo>python E:\codes\detectAge.py
26-30岁

C:\Users\lenovo>_
```

图 9.13　年龄识别模块程序调试结果

3. 性别识别模块程序调试

打开 E:\codes\detectGender.py 文件，在文件的最后添加以下代码：

```
if __name__=="__main__":
    filePath = "E:\\images\\face.jpg"          # 图像文件路径
    gen = gender(filePath)                       # 上传图像，识别性别
    print(gen)                                   # 打印性别
```

打开系统命令行，输入"python E:\codes\detectGender.py"，按回车键，程序运行结果如图 9.14 所示，与图 9.11 中人物性别一致。

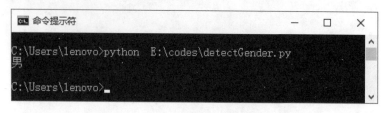

图 9.14　性别识别模块程序调试结果

4. 表情识别模块程序调试

打开 E:\codes\detectExpression.py 文件，在文件的最后添加以下代码：

```
if __name__=="__main__":
    filePath = "E:\\images\\face.jpg"            # 图像文件路径
    exp = expression(filePath)                   # 上传图像，识别表情
    print(exp)                                   # 打印表情
```

打开系统命令行，输入"python E:\codes\detectExpression.py"，按回车键，程序运行结果如图 9.15 所示，表情识别结果为"喜悦"。

图 9.15　表情识别模块程序调试结果

9.4.6　项目总体运行

在调试完模块程序后，我们可以进行项目总体运行，打开 E:\codes\aiDetectFace.py 文件，在文件的最后添加以下代码：

```
if __name__=="__main__":
    if len(sys.argv) < 2:                        # 提示程序使用方法
        print('使用方法：python 程序名 图片路径')
        sys.exit()                               # 结束程序
    imagePath = str(sys.argv[1])                 # 提取文件路径
    detectAndDisplay(imagePath)                  # 检测人脸并显示结果
```

打开系统命令行，依次输入以下代码，每输入一行按下回车键，如图 9.16 所示。

```
E:
cd E:\codes
python aiDetectFace.py E:\images\face.jpg
```

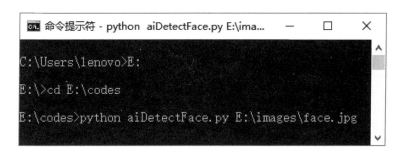

图 9.16 项目总体运行代码

代码运行结果如图 9.17 所示。

图 9.17 项目总体运行结果

9.5 项目验证

找几张包含正面人脸的图像，验证应用程序是否能够正常识别，并填写表 9.9。识别结果如图 9.18 所示，从结果中可以看出，图像中的人脸识别结果基本符合我们对图像的直观印象。

表 9.9　人脸识别验证结果

示例图片名	结果是否合理
face1.jpg	合理
face2.jpg	合理
face3.jpg	合理
face4.jpg	合理

（a）face1.jpg　　　　　　　　　　（b）face2.jpg

（c）face3.jpg　　　　　　　　　　（d）face4.jpg

图 9.18　人脸识别结果验证

9.6　项目总结

9.6.1　项目评价

项目评价表见表 9.10。

表 9.10　项目评价表

	项目指标	分值	自评	互评	评分说明
项目分析	1. 项目架构分析	6			
	2. 项目流程分析	6			
项目要点	1. 人脸识别基础	6			
	2. OpenCV 人脸检测	6			
	3. 人脸特征识别	6			
项目步骤	1. 应用平台配置	10			
	2. 系统环境配置	10			
	3. 关联模块设计	10			
	4. 主体程序设计	10			
	5. 模块程序调试	10			
	6. 项目总体运行	10			
项目验证	验证结果	10			
合计		100			

9.6.2　项目拓展

（1）在本项目中，用户通过直接上传图像来获得图像中人脸的识别结果，借助 OpenCV 对网络摄像头的控制功能，我们还可以直接使用电脑上的网络摄像头拍摄照片，并将照片上传到服务端来进行人脸识别。

提示：以下例子展示了如何对网络摄像头进行基础操作：

```
import cv2 as cv
video_capture = cv.VideoCapture(0)                      # 打开摄像头
if not video_capture.isOpened():                        # 是否打开成功
    raise Exception("Could not open video device")
ret, frame = video_capture.read()                       # 读取图像
video_capture.release()                                 # 关闭摄像头
```

（2）除了人脸特征识别外，讯飞开放平台还提供了多种人脸识别相关的服务，如人脸比对服务，可对两张上传的人脸照片进行比对，来判断是否为同一个人。请尝试实现一个人脸比对应用，通过上传两张照片，对比两张照片中的人脸特征信息，判断是否为同一个人并返回对应相似度分值。

参考文献

[1] 腾讯研究院，中国信息通信研究院互联网法律研究中心，腾讯 AI，Lab，腾讯开放平台. 人工智能：国家人工智能战略行动抓手[M]. 北京：中国人民大学出版社，2017.

[2] 李开复. 人工智能[M]. 文化发展出版社，2017.

[3] 聂明. 人工智能技术应用导论[M]. 北京：电子工业出版社，2019.

[4] 王文敏. 工业机器人知识要点解析[M]. 北京：高等教育出版社，2019.

[5] 耿煜. 图说图解机器学习[M]. 北京：电子工业出版社，2019.

[6] 罗素，诺维格. 人工智能：一种现代的方法[M]. 3 版. 北京：清华大学出版社，2013.

步骤一

登录"技皆知网"

www.jijiezhi.com

步骤二

搜索教程对应课程

咨询与反馈

尊敬的读者：

感谢您选用我们的教程！

本书有丰富的配套教学资源，凡使用本书作为教程的教师可咨询有关实训装备事宜。在使用过程中，如有任何疑问或建议，可通过电子邮箱（market@jijiezhi.com）或扫描右侧二维码，提交咨询信息。

（书籍购买及反馈表）

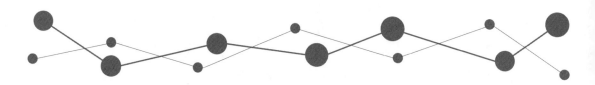